腕時計一生もの

並木浩一

光文社新書

目次

プロローグ～ただ一本の腕時計を選ぶということ～

みなさんは、どんなときに腕時計を買うのでしょうか。

いま、単に必要に迫られてなんでもいいから時間が分かるものを買わなければ、というケースはほとんどなくなっています。街には電光時計があふれていますし、家やオフィスや学校の至るところ、コンピュータのディスプレイにも時計は見つけられます。なにより携帯電話やPHSで、現在時刻を知ることはできるのです。どうしても腕時計の形をしたものが必要だとしたら、駅のキオスクでも一〇〇円ショップでも、何も考えずに手に入れることはできます。

こうした状況の中で、自覚的に「腕時計を買う」ことの意味は変わってきたようです。つまり、本来的にはそう必要でないものだからです。腕時計はかつて必需品でしたが、いまではそういう目で腕時計をとらえることはできないでしょう。

しかし、ひとは腕時計を買います。というより、腕時計を買うひとと買わないひとは、はっきりと分別されることになったようです。買わないひとにはもちろん理由があります。時計はどこにでもあるので、いまある腕時計で十分、または、腕時計を身につけないという選択をして困ることはありません。

一方で、腕時計を買うひとはより積極的に、腕時計を求めるようになりました。そして、本来必要でないはずのものを買うわけですから、そこにはより根拠のある理由付けが求められてきます。自分を納得させる動機と、選択の理由が必要なのです。

実際、時計選びはおおごとなのです。理想の腕時計を選び出すとしたら、いま、世に出ている何万、何十万種類の腕時計の中から、吟味を重ねるということになるでしょう。誰にとっても、時計選びは大層な出来事です。

ただし、その一方で、腕時計選びはたいへん愉しいことでもあります。切羽詰まって時計を選ぶ必要はないわけですから、得心のいくまで、たっぷりと時間をかけて、自分の理想を追っていくことができます。

私はいま学習院生涯学習センターで腕時計の講義を受け持っていますが、その受講生には筋金入りのマニアがいます。何冊、何十冊もの時計の本を読み通すのは当たり前で、発売される腕時計の本・雑誌は全部買うというひともいます。毎週末に時計売り場に通うのが趣味のひとは珍しくありませんし、仕事とは無関係に時計製作の技術を学ぶ学校の卒業生も複数在籍しています。独学で時計作りの技術を身につけたひともいます。

こうしたひとたちも、一本の腕時計を選ぶために全力を傾けます。悩んで悩みぬいた末に、コレクションを手放して次の一本を買う決断をしたりするのです。

また、時計を数十本以上所有するコレクターやマニアには、共通の行動様式があります。すなわち、一本ずつしか求めない、ということです。時計の所有欲求を抑えきれないひとでも、投機目的でもない限り、いろいろな時計をいっぺんに買うというひとは稀《まれ》なのです。量的なコレクションに走っているように見えても、それは一本を手にして、また次の獲物を探すというハンターや釣り人のようなアクションの結果です。どんなに経済的に恵まれていても、時計店の時計を買い占めるというようなひとにはまだ巡り合ったことはありません。

もっと言えば、何年も腕時計選びをしながら、いまだに一本の購入もしていないひともいます。しかもそういう方が、誰にも負けない知識を持っていたりもするのです。腕時計選びのプロセス自体が意味を持ち、購入するという行為が欲求の達成をかならずしも意味しなくなっているのでしょう。

おそらく「腕時計選び」は、腕時計の必要性が薄れた結果、それ自体がひとつの体系として成立したのです。特定の地域やひとびとの間に共通する行動様式や価値観のことを「文化」と呼びます。私はもはや、腕時計選びは、ひとつの文化と呼んでいい段階に入っているのではないかと思っています。

そうした状況で、いま多くの腕時計メディアが発達しています。毎月腕時計を買うひとは多くありませんが、腕時計雑誌は毎月、何種類も発行されます。一般誌、女性誌も、腕時計の特集を組むことが非常に目立つようになりました。各ブランドはカタログを充実させ、またインターネット上でも情報が発信され、交換されます。腕時計を「帰納的に」選ぶための情報は十分に出揃っており、その中を泳いでいるだけで愉しい時を過ごせます。

ただ一方、なんの方向性も持たずに「一本の時計選び」を行なおうとすると、永遠に終わらない環境でもあります。

この本では、そうした状況の中で、「ただ一本の腕時計」を選ぶためのプロセスを「演繹《えんえき》」

していく試みです。いま、一生に一本の腕時計を買おうという意思がある方にとって、後悔せず、心から納得できる腕時計を選び出す手助けになれば、と願っています。また、すでにそうした腕時計を購入してしまった方――高価な腕時計を衝動買いするひとは珍しくありません――にとっても、本書によって、その時計に惹かれた自分の心の動きを分析し、理由付け（アブダクション）をすることもできるでしょう。つまり好きになった腕時計を買うか、買った腕時計を好きになるかのどちらかです。

そのためにこの本では、腕時計を構成する要素について、ひとつずつ検討していくという方法を採ります。「デザイン」「機械（ムーヴメント）」「機能」「性能」「歴史」「素材」「イメージ」「ブランド」といったこれら有形無形の腕時計の要素は、言い換えればみなさんの時計選びにおいて「これだけは譲れない！」というポイントを含んでいるでしょう（価格については、本書の巻末にコラムとしてまとめました）。

この要素のひとつについて検討と選択を行なうと、膨大な腕時計のレファレンスは一気に絞り込まれます。別の要素についてもそれを繰り返すことによって、何十万もの選択肢はさらに狭まっていきます。最後にはみなさんの「一本の腕時計」に行き着くことができるのではないかと思っています。

I　デザインで考える

この章ではみなさんの「一本の腕時計選び」について、デザインの面から検討を加えます。どんなに他に優れたところがある腕時計でも、デザインの面で難がある、あるいは自分の好みに合わないのでは、身につける気にはならないでしょう。デザインは、腕時計と自分との関係を愉しいものにする大きな要素と言えます。

またデザインは、もっとも他人の目に留まる部分でもあります。あなたの腕時計のデザインはあなたの美的な価値観や趣味嗜好など、心の中の大事な部分を表象しているものと受け取られる可能性があるのです。

「機械美」という名の誘惑

腕時計のデザインを語る上で、「機械美」という言葉が使われることがあります。マシーンとしての美しさから、精緻な歯車に対するフェティシズムのようなものに至るまでを含むのですが、これは主に男性に多く見られる「キカイ好き」の血を刺激する仕掛けのように思われます。しかも、技術立国・日本の男性には、その血が濃いように思えるのです。

日本人男性の多くは、なぜか機械が好きなDNAを抱えているようです。日本はアジアの中でもいち早く工業国化し、時計や自動車などを自前で作ることを可能にしました。果ては戦車や戦艦や戦闘機を作り、それを使ったために戦争を招くことになったわけですが、世界的に見ても機械作りに長《た》けていて、しかもメカニカルなものへの偏愛《フィリア》が特有に強いのではないでしょうか。クルマ好きの国民は世界中どこにでもいますが、オートバイもロボットも腕時計も好きとなると限られてきます。ついでに言えば、日本製の「戦闘ロボット」もののアニメは世界に輸出され、海外のメカ好きを育成してもいます。

その日本人の血を騒がせる「機械美」という価値基準は、腕時計デザインの中でいくつかのジャンルを生み出しています。

ひとつは、いかにも機械らしいデザインの系譜です。その代表例がパイロット・ウォッチと呼ばれる、「飛行機乗りのための時計に顕著です。たとえばＩＷＣの「ザ・ビッグ・パイロット・ウォッチ」などはポケットウォッチほど大きい腕時計で、ほとんどコクピットの計器のようです。針合わせなどに使う竜頭《りゆうず》（34ページ）も実に大きく（手袋を嵌《は》めたまま調整できるように、という意味があります）、身につけるというよりは「装着する」と言ったほうが似つかわしいような、機械らしいフォルムを持っています。

また、パイロット向けの腕時計専業メーカーといった感のあるブライトリングの腕時計は、精緻な機械らしさが身上です。こちらは、計算尺など各種のメーター類を組み込んだデザインが有名です。こうした、ごつごつしたりギザギザした質感を持つメカニックらしさのデザインを得意とするブランドには、世界中に熱狂的なファンがいます。「機械美派」の主流とでも言えるでしょうか。

一方で、精緻な機械美に心を動かされる「精密機械美派」もいます。こちらは、腕時計という小さなスペースの中に納められた機械の端正さに美を見いだすひとびとです。シースルーバックという腕時計ケース（以下、単にケース）の裏蓋がガラスになっているモデル（49ページ）から、ムーヴメントを眺めて何時間でも過ごせるひとたちです。トゥールビヨン（71ページ）などの複雑機構が組み込まれていれば申し分ありません。

日本はクォーツを初めて開発した国であり、最大の輸出国でもあるのですが、こうしたひとたちは機械式腕時計しか選びません。ミクロコスモスとも思われる小さな小さな空間の中に納まった機械の整然さを鑑賞し、評価するのは、日本の庭園を愛《め》でる伝統にも通じるところがあるようです。

機能がデザインを決定するか？

実際、腕時計のデザインは何を意図して決められるのでしょうか。その意見のひとつに、

IWC「ザ・ビッグ・パイロット・ウォッチ」

ブライトリング「ナビタイマー」

「機能がデザインを決定する」というものがあります。この言葉はそのままタグ・ホイヤーが好んで用いる表現なのですが、すなわち機能を優先すると、デザインはおのずからそれを表象するものに限定されてくるということです。

タグ・ホイヤーはストップウォッチ機能を備えた「クロノグラフ」というタイプの腕時計で人気のスポーツ・ウォッチ・メーカーですが、たしかにこの機能を隠すわけにはいかないでしょう。結果としてクロノグラフは、文字盤の中にスモールダイヤルと呼ばれる、一〇分計や六〇分計などのメーターを備えることになります。

こうして、必要に応じたものだけを取り上げていき、それ以外の要素を排した腕時計は、虚飾を排したシンプルさの美を持つ、ということになるわけです。「シンプル」は腕時計デザインの文脈では、誉め言葉としてよく使われます。タグ・ホイヤーは広告物によく競技中のアスリートの肉体を使うことがありますが、そのイメージに共通するものを訴えたいのでしょう。

実際、機能をシビアに追い求めなければならない分野では、ものの形は必然的に明らかになってきます。たとえば宇宙ロケットを、見栄えでデザインはしないでしょう。レース用のヨットの造形やＦ１レースのマシーンも、早くフィニッシュすることだけを優先します。そ

60
TACHYMETER
65
500
400
70
300
75
80
240
220
200
180
160
100
110
120
140
SWISS
MADE
30
20
10
60
40
20
12
9
3
6
TAG
HEUER
LINK
AUTOMATIC
200 METERS
8
50
10
40
20
30

タグ・ホイヤー「ＬＩＮＫ」

の結果、デザインは一般的な美しさの基準からいったん離れ、ごつごつしたりざらざらしたりするわけですが、それをまた美しいと感じる基準も生まれます。必要に応じた結果であることが明らかであれば、そこにはまた「異形」を新たな美とするコードが誕生するのです。機能から生まれたデザインが、機能美を生むということです。

逆に言えばその効果を狙って、意図的にシンプルにしたり、エキセントリックなデザインにすることもあり得るわけですが、重要なのは外側と中身が釣り合っている、ということです。実際、作為的なデザインを嫌うひとは珍しくありません。しかし、機能以上に意図的なデザインは否定されます。一方、必要のためのデザインは目にこころよく映ります。

このような「機能美のコード」の誕生は、腕時計の世界では繰り返されています。たとえばオフィチーネ・パネライのクラウンガードの意匠などはどうでしょう。ケースからごつごつした出っ張りは梃子《てこ》の原理でクラウン（竜頭）を押し付け、ここから水の侵入を防ぐもの。一九三八年に誕生した同社自慢の機構です。実際は、現在の技術であれば、クラウンをねじ込み式にすることで、こうした装置の必要はなく同様の防水性能は得られるでしょう。しかしこの意匠は、オフィチーネ・パネライのデザインでは欠かせないものです。機能がデザインを決定し、それがデザインをコード化した好例でしょう。

ケースの裏側から見たオフィチーネ・パネライ「ルミノール」

ジャガー・ルクルト社の「レベルソ」はもっと極端な例でしょう。レベルソは腕時計の機械部分をそっくり反転して、裏返しにすることができる腕時計です。これは「ポロの競技中にもつけていられる腕時計」という注文に応じて誕生したという逸話が残っています。ガラスが割れないようにという目的を物理的に解決したわけなのですが、ガラスの品質が向上してこうした恐れがなくなった今日でも、レベルソのデザインは定着しています。いまジャガー・ルクルトでは、その裏面にもうひとつの文字盤を持つ「レベルソ・デュオ」という時計を作っていますが、こうしてさらに新しい機能とデザインを生んでいるわけです。

機械が要求する意匠

機能だけでなく、機械そのものが不可避的に特定の意匠を要求する、という場合も考えられます。

たとえば、最近多くのブランドから登場するようになった「レトログラード」という針の動きを取り入れた腕時計です。ふつうの時計の針が回転運動＝無限軌道を描くのに対して、レトログラードは一定のタームで戻るという運動を繰り返します。たとえば秒針が三〇秒のレトログラードだとすると、針は扇を開くように進み、三〇秒になった瞬間にゼロ位置に戻

ジャガー・ルクルト「レベルソ・デュオ」

り、新たな進行を開始するわけです。

このレトログラードを採る場合は、そのための場所を文字盤上に設定しなければなりません。自然と、ふつうに目にする時計とはデザインが変わってくることになります。一方、機械のほうは、レトログラード用の歯車——円形ではない——が必要になってきます。機械と意匠のどちらが先なのか判断しにくいところですが、もともとレトログラードはポケットウォッチのころからあった時間進行の表現方法です。ここでは機械が先にあったということにしますが、実際はこのレトログラードの針進行、特に針がピョンと戻るアクションが楽しいので、それを見たいというのが選択の動機になることが多いようです。そしてどのみち、レトログラードはそれが明らかなデザインを採ることになっているわけです。

一方、複雑時計と呼ばれるジャンルのものになってくると、機械に合わせたデザインを採ることが明らかに必要です。ミニッツ・リピーターにはレバー、クロノグラフにはボタンが不可欠で、邪魔だからといって取り除くわけにはいかないのです。

近年でもっとも複雑な時計の部類に入るパテック・フィリップ社の「スカイ ムーン・トゥールビヨン」の場合は、まったく極端な例です。この時計のムーヴメントは一二の複雑機構を持つ時計史上の傑作ものなのですが、その中でも「その日の天空図」を見せるという途

ダニエル・ジャンリシャール「TV スクリーン ミディアム レトログラード」

パテック・フィリップ「スカイ ムーン・トゥールビヨン」

方もない試みが行なわれました。結果としてこの時計は、表も裏もフルに使って、機械が行なうことを表現することになりました。おそらくは、これ以上の機械がもしできたとしても、腕時計ではもはやそれを表現することはできないだろうと思えます。機械の進化が、デザインの限界ぎりぎりに迫った例です。

時計に見る芸術潮流

腕時計は、何かしらの基準に沿ってデザインされます。流行のデザインというのはあるのですが、すべてのメーカーがそこに流れる、ということはありません。作り手の数が非常に多いために、むしろデザインの潮流は拡散化します。さらに、各メーカー、各ブランドが固執するデザインというものもあるので、腕時計のデザインは百花繚乱です。

同時期にこれだけ多彩なデザインが存在するプロダクトというのは、あまり他に例を見ないでしょう。過去の芸術潮流がすべて反映され、さらにはそれがすべて残っているというのが腕時計のデザインです。アール・デコ、アール・ヌーボー、バウハウス、モダニズム……。面白いことに、ロココ様式など、腕時計がなかった時代のデザインを取り入れた腕時計もあります。

本来、デザインの潮流は同時代のさまざまな芸術にひろがります。絵画、彫刻、文芸、演劇、音楽、建築などは相互に関係して、影響を及ぼし合っていくわけです。腕時計もその例外ではありません。英語でもフランス語でも「ａｒｔ」には芸術と技術の二つの意味がありますが、まさにその界面にあるのが腕時計なのかもしれません。

そして、腕時計の世界では流行が完全に廃《すた》れることはありません。作り手の数が多く、流行が変わったとしても一部はそのまま残るのです。デザインを変える作り手もいますが、そのまま変えない作り手もいるわけです。結果として今日、腕時計の世界では、過去の芸術潮流のほとんどがキャリーオーバーされ、同時代に存在していることになります。

こうした過去の芸術潮流を腕時計で表現する場合は、多くは「引用」の手法を採ることになります。腕時計は小さなものですから、非常に都合がいいのです。建築の場合、古いものを壊さなければ新しいものは建てられません。けれども腕時計はいくらでも作ることができるわけです。腕時計は持ち運べるアートという側面があるということです。

たとえば、コリント式の円柱を、クラウンに見立てることなどは簡単です。またルイ一四世様式を、ケースに活かすこともできます。バウハウスからモダニズムは言うに及ばないでしょう。

腕時計を選ぶ側からすると、これは愉しい話です。つまり、どのようなデザインの嗜好があるにせよ、それを反映した腕時計はかならずある、と言っていいのです。そうした趣味をたとえば自宅の建築で反映しようとするとたいへんな話ですが、腕時計に関する限りは誰にも迷惑はかからない。その上、常に自分の身近に存在するわけです。

ジュエリーウォッチの価値を検証する

ここでちょっと、腕時計と宝石の関係を考えてみましょう。ジュエリーウォッチと呼ばれる、宝石使いの腕時計についてです（左ページ写真）。

女性もののジュエリー使いのウォッチは、見ていてとても楽しいものがあります。メレダイヤ（〇・二カラット以下のダイヤモンド）やルビー、サファイヤ、エメラルドなどを使ったジュエリーウォッチは、若い女性でもつけているのを見かけることがあります。最近では貴石、半貴石を使った、さらに手頃な品も店に並んでいます。ちなみに、一九世紀後半に誕生した腕時計の源流のひとつは、女性ものの「時計のついたブレスレット」です。その意味でも、こうしたジュエリーウォッチは、腕時計の本流のひとつなのです。現在でも、ジュエラーと腕時計メーカーを兼ねているブランドは数多くあります。

バセロン・コンスタンチン「1972」（左：男性用、右：女性用）

もう一方で、宝石を使うことによって、その時計の現世的な価値を高めることを意図する場合もあります。男性もののジュエリーウォッチにはこの傾向が強いでしょう。男性ものの腕時計はパッと見ただけでは価値が分かりにくいものですが、それがジュエリーウォッチであると、宝石がステイタスを付加し、富や力を象徴することになります。また女性ものの場合でも、バゲット・カットのダイヤモンドをふんだんに使ったものなどではそうした意味を持ってきます。

つまりは、宝石には少なくとも二つの意味があるのです。ひとつは装飾としての美的な意味、もうひとつはその価格からくる価値のメタファーです。宝石を使うことによってよりデザインが美しいものになるのであれば、いくらでも使うほうが望ましいでしょう。世界の一流ジュエラーは、そうした腕時計を実際に製作しています。

しかし実際は、それではおいそれとは手が出ないような価格になります。ここが、ちょっとした問題をはらんでいます。つまり、慎ましやかな日本人の多くが、ジュエリーウォッチに否定的だということです。

けれどもジュエリーウォッチをひとくくりにして、芸能人や、ちょっと危なっかしい商売のひとの持つ時計のように言うのは、日本人に特有の考え方のようです。これはなんだかおせっかいというか、日本人のパターナリズムに属する話ではないかなあ、という気がします。しかもそのせいか日本のマスコミでは、ジュエリーウォッチが紹介されることが、欧米や他のアジア諸国に比べても極端に少ないのです。

日本以外では、ジュエリーウォッチはもっとおおらかに肯定されています。買えないひとにとっては目の保養になりますし、経済力があるひとは買うのをためらわないでしょう。日本のように「欲しくて、買えるのに、買わない」ということはないようです。

また、ジュエリーウォッチを好むアメリカ人の多くは、富に恵まれていることを隠そうとしません。何十億円もの宝くじに当ったひとが、TVのインタビューに応じていますよね。ヨーロッパでも、お金持ちはたいてい、昔から突出したお金持ちであり、そうと知られていることが多いので、隠すこと自体余り意味を持っていません。アラブや、アジアでは香港のひとたちがジュエリーウォッチ好きですが、彼らも経済力を隠すことはないようです。

その背景にあるものとして、経済力イコール社会的責任ということを、彼らも彼らの社会もわきまえているからではないか、という気がします。アメリカのお金持ちは、せっせと慈善団体に寄付を怠りません（慈善団体のほうも、臆することなく寄付の要請をします）。ヨーロッパも同様です。香港では、ひとりの成功はたいていの場合、一族を潤します。アラブの富豪はイスラムの教えに沿って、たいへんな施しを日常的にしています。だからこそ、悪く言われることもないわけです。

ふりかえって日本では、お金持ちであることを隠す一方で、社会的な還元もしません。「ノーブレス・オブリージュ」（身分の高い者はそれ相応の社会的責任と義務を果たすべき、という欧米社会の考え方）の伝統がないわけです。だからこそ、ジュエリーウォッチに手が伸びないのかもしれません。

日本でも、もっともっとジュエリーウォッチはポピュラーになってもいいのではという気がしてなりません。もちろん、それなりのふるまいを伴ってもらいたいものですが。

腕時計を静的に眺める日本人の美意識

ジュエリーウォッチの話とは相反しますが、日本人は腕時計を「眺める」のがとても上手です。ヨーロッパの時計関係者とよく話題になるのですが、アメリカ市場（ヨーロッパ時計の最大のマーケットです）では人気のないシンプルの極みのような腕時計が、日本ではよく売れるというのです。これはパテック・フィリップの「カラトラバ」のような最高級品から、ノモスの「タンジェント」のような比較的手が出やすいものまで共通の現象です。彼らにと

パテック・フィリップ「カラトラバ」

ノモス「タンジェント」

って、これはうれしい半面、不思議でもあるようです。

おそらくこれは、日本人が持っている独特の美意識が、腕時計を静的に眺めさせているのではないかと思っています。たとえば焼き物を愛でるように、水墨画を眺めるように、日本人は無意識に腕時計を見ているのではないでしょうか。だからこそ、「侘《わ》び、寂《さ》び」の価値基準が発動されて、シンプルで渋いデザインに心惹かれると考えると納得がいきます。

実際、日本人は腕時計を見るために、日本古来のものの見方を適用してきました。腕時計の針を合わせるつまみのことを竜頭と呼びますが、これはお寺の鐘の釣り下げ部分をこう呼ぶことからきていると思われます。日本に残る朝鮮鐘などでは、たしかにこの部分が竜の形をしています。ポケットウォッチの時代に作られた用語ですから、時計の上にあったそれを、同様に時を伝えるものであった鐘に見立てたのでしょう。見事な感性だと思います(中国語でも、俗に竜頭と呼ぶこともありますが、たいていは自来柄と呼びます。一方フランス語ではクーロンヌ、英語ではクラウンと呼び、いずれも冠の意味です)。明治時代に輸入品として日本にやってきた「ウォッチ」を、日本人がいかに眺め、読み替えていったかが分かる例だと思います。

こうした結果、日本人は腕時計の好みを選び取っていったのでしょう。たとえば、色彩豊かなエナメルウォッチやジュエリーウォッチは九谷焼や柿右衛門のような華やかさを、渋いデザインは唐津焼や備前焼のように、枯れた魅力を見いだしていったのではないでしょうか。

それはいまも続いているような気がします。腕時計のように作為の限りを尽くしたものから、無作為の魅力すら引き出すことができるのは、日本人ならではの感性ではないかと思うのです。

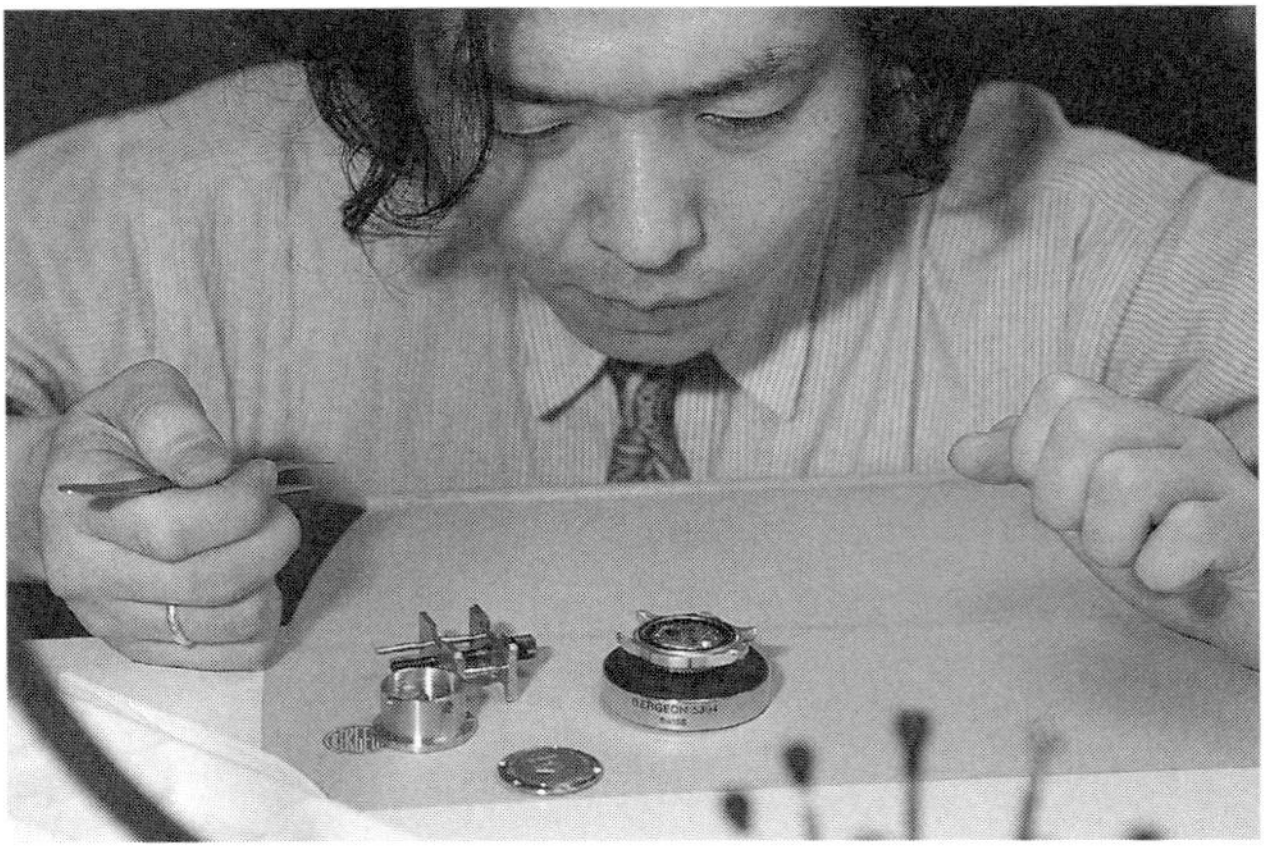

時計の組み立てに挑戦中の筆者

II　ムーヴメントで考える

この章では腕時計のエンジン部分、機械＝ムーヴメントについての検討を行ないます。クルマにとってエンジンが重要である以上に、腕時計ではムーヴメントが大きな意味を持っています。Ｆ１カーは公道を走れませんが、腕時計におけるＦ１クラスのムーヴメントは、ふつうの時計でも同じ条件で動きます。もとより車と違って、時計のムーヴメントにはなんの規制もありません。どんなムーヴメントを作っても構わないわけです。だからこそ、一個が缶ジュース一本の値段にも満たない量産型のクォーツ・ムーヴメントもあれば、手練の職人が何年もかけて完成させる天文学的な価格のものまでが存在しているのです。

その幅広さの中から、どんなムーヴメントを選ぶのかを確認していこうと思います。

「機械式」と「クォーツ」

腕時計に積まれている「時計を動かすための機械」をムーヴメントと呼びます。腕時計の専門誌などでは「キャリバー」という用語が使われることもありますが、たいていの場合、この用語は固有のムーヴメントを指して使われます。つまり、「この腕時計に使われているムーヴメントはキャリバー何々である」といった具合です。この「何々」のところは、ふつう「Ｐ502」などといった記号で固有化されます。

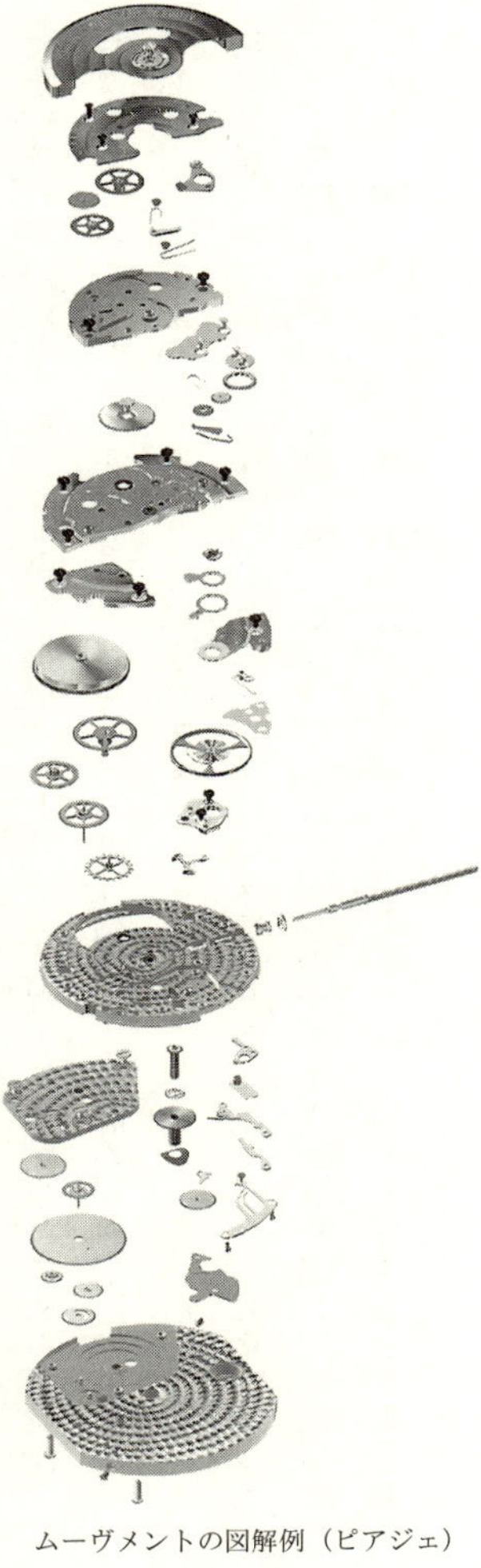

ムーヴメントの図解例（ピアジェ）

ムーヴメントは、時計の出来を語る上で大きなファクターになっています。腕時計によって、積まれているムーヴメントがそれぞれ違うからです。量産される汎用ムーヴメントの場合もあれば、部品から手作りされているムーヴメントもあります。頑丈さが売りものの場合もあれば、繊細さが売りものの場合もあります。

また、それ以前にムーヴメントは「機械式」と「クォーツ」に大別されます。これは、ムーヴメントの中のもっとも重要な部分ともいえる調速機構——時計の正確な針の動きを請け負う部分——が、まったく違うことによります。

機械式腕時計では、振り子の等時性の原理を使います。ヒゲゼンマイを備えたバランスホイールが等時性を持って振動、そこから常に正確な振動のサイクルを取り出し、これを秒、分、時に変換していくのです。動力はゼンマイ（ヒゲゼンマイではなく、手巻きや自動巻きで巻き上げる）です。

一方、クォーツ時計では振動を電気的に発生させ、そのサイクルを取り出しています。クォーツ（水晶）に電圧を加えることで、一定の振動を起こさせているのです。そのための動力として、一般的に電池、または腕の動きや光、体温による発電装置が組み込まれています。

かんたんに言うと、動力が「ゼンマイの反発力」なのか「電気」なのか、そして振動するものが「機械部品」なのか「クォーツ」なのか、というのが、機械式とクォーツの違いです。機械式は文字どおり徹頭徹尾、精密「機械」ですが、クォーツには精密「電子」機器、というニュアンスが加わるわけです。

そしてこの差が、「機械式時計」のファンを、クォーツ全盛の世の中から離脱させている大きな理由といってもいいかもしれません。世の中の腕時計のほとんどはクォーツですが、世の中の腕時計ファンの大半以上はそこから機械式のみを識別しているのです。ファンは時計の外見だけでなく、その裏のムーヴメントに非常に注目しているわけです。

スピードマスター論争

腕時計好きの方々の大きな楽しみのひとつに、「ムーヴメントについて語り合う」というものがあります。私の講義のあとの飲み会もそうですし、インターネット上ではこの話題がとても賑やかです。どういうムーヴメントが優れているのか、という広い話題での意見交換もありますし、ひとつの時計のムーヴメントについて、あれやこれやと議論する、という場合もあります。なかなか初心者には入っていけないほど高度化している会議室も珍しくありません。

ただ、ムーヴメントに納得して腕時計を選ぶのであれば、これらのたくさんのひとの意見はたいへんに参考になります。みなさんがどういう観点で時計のムーヴメントを考えているかがよく分かるからです。

そうした情報収集のためのもっともよい方法が、「スピードマスター」に関する意見に触れてみることでしょう。スピードマスターはオメガ社のロングセラー腕時計です。

なぜスピードマスターなのかと言いますと、この腕時計には腕時計マニアの登竜門のような意味合いが含まれているからです。おそらくマニアと呼ばれるひとで、一度もこの時計を買ったことがないひとは少ないのではないでしょうか。時計好き同士なら、たとえ初対面でも、スピードマスターを話題に語り合うことができるほどなのです。また、何かの腕時計のムーヴメントについて語るとき、引き合いに出されやすいのもスピードマスターです。なんというか、ムーヴメントを語る上での共通の尺度のような存在になっている気がします。

というのもこの腕時計は、ムーヴメントに関わる話題の、大半の要素を持っているからです。ラインナップの中には手巻きもあれば自動巻きもあります。しかも過去、搭載ムーヴメントの大きな変更がありました。またシンプルなクロノグラフ（85ページ）から、トリプルカレンダー付き、過去にはムーンフェイズ（81ページ）など高度な機能を付加されたものも

オメガ「スピードマスター」

あります。つまり、スピードマスターはそれだけで比較も論争も可能なわけです。たとえば自動巻きと手巻きのどちらがいいか、振動数は多ければ多いほうがいいのか、正確さと耐久性は両立するのか、といった話題が、常にファンの間で提起され、話し合われています。

一般的にネット上の論争というと荒れたものになることが多いのですが、スピードマスター論争は紳士的です。基本的には、愛用する時計について語り合っているのですから。時には議論が白熱しますが、それも好感が持てる熱気です。

特に、一九六八年に行なわれた搭載ムーヴメントの変更について、いまだに語られ続けているのは驚きです。この変更は振動数のアップ、重要機構の変更が行なわれた、スピードマスター史上最大のモデルチェンジなのですが、そのことについての話題は三〇年の時間を超えて、いまなおホットな話題です。ムーヴメントの問題は、それだけ腕時計において重要なものと考えられているのです。

ムーヴメントもまた「ブランド」

腕時計自体がそうであるように、ムーヴメント自体にもまた「ブランド」が存在しています。

腕時計は、どこのメーカーでもムーヴメントを自前で製造しているわけではありません。むしろ、自社製のムーヴメントを使用する時計メーカーは稀な存在になってきています。ムーヴメントの開発には多大な費用がかかるというのがその理由です。それでも敢えて一貫生産の道を選ぶメーカーは「マニュファクチュール」と呼ばれて尊敬を集めています。

ただし、自社製ムーヴメントを製造するメーカーでも、すべての自社製品に自社製ムーヴメントを使うとは限らないのが難しいところです。高級品には自社製、それ以外は外部調達、ということもあり得ます。また、もともとムーヴメントの自社生産をしていない時計メーカーは、すべてが外部調達ということになります。

外部調達を行なう場合にも二つの方法が考えられます。他の「マニュファクチュール」から供給を受ける場合と、ムーヴメント専業メーカーからの調達です。

こうした状況が、ムーヴメントのブランド化を促進したと言うことができるかもしれません。すなわち、定評ある腕時計ブランドのムーヴメントは、ムーヴメント自体もブランド化したのです。腕時計そのものだけでなく、ムーヴメントでも有名なブランドと言えば、「ジラール・ペルゴ」「ジャガー・ルクルト」「ゼニス」「オーデマ・ピゲ」「パテック・フィリップ」「ブランパン」「ピアジェ」「ショパール」などが挙げられます。この中でも、外部にも供給するブランドと、そうでないブランドがあります。

一方、ムーヴメント専業メーカーには「フレデリック・ピゲ」「ジャケ」「バルジュー」といった名前が挙がります。バルジューは実際は「ETA」という大手ムーヴメント・メーカーの一部門ですが、かつては独立した高級ムーヴメント会社でした。ETAに吸収された形になっていますが、さまざまなメーカーに汎用ムーヴメントを大量に供給するETA社の中で、そのブランドは生き残っています。それほどに、ムーヴメントのブランド力は強いのです。

ETAという名前は、ムーヴメントの話題になるとかならず挙がってくる名前です。スイス最大手のムーヴメント専業メーカーで、機械式もクォーツも幅広く作っています。スイスの中堅メーカーの多くが、ETA社製のムーヴメントを使っています。また、高級腕時計のブランドでも、比較的手が届く価格帯の品には、ETA社のムーヴメントが入っていることが珍しくありません。そのために、ETAのムーヴメントは何かありふれたもののような印象を持つ時計ファンは少なくないのですが、実際は耐久性に優れた、誠実で堅実なムーヴメントです。「スイスメイド」のスタンダードと言えるかもしれません。

これはETA社に限らないのですが、他から調達したムーヴメントをベースに自社で手を

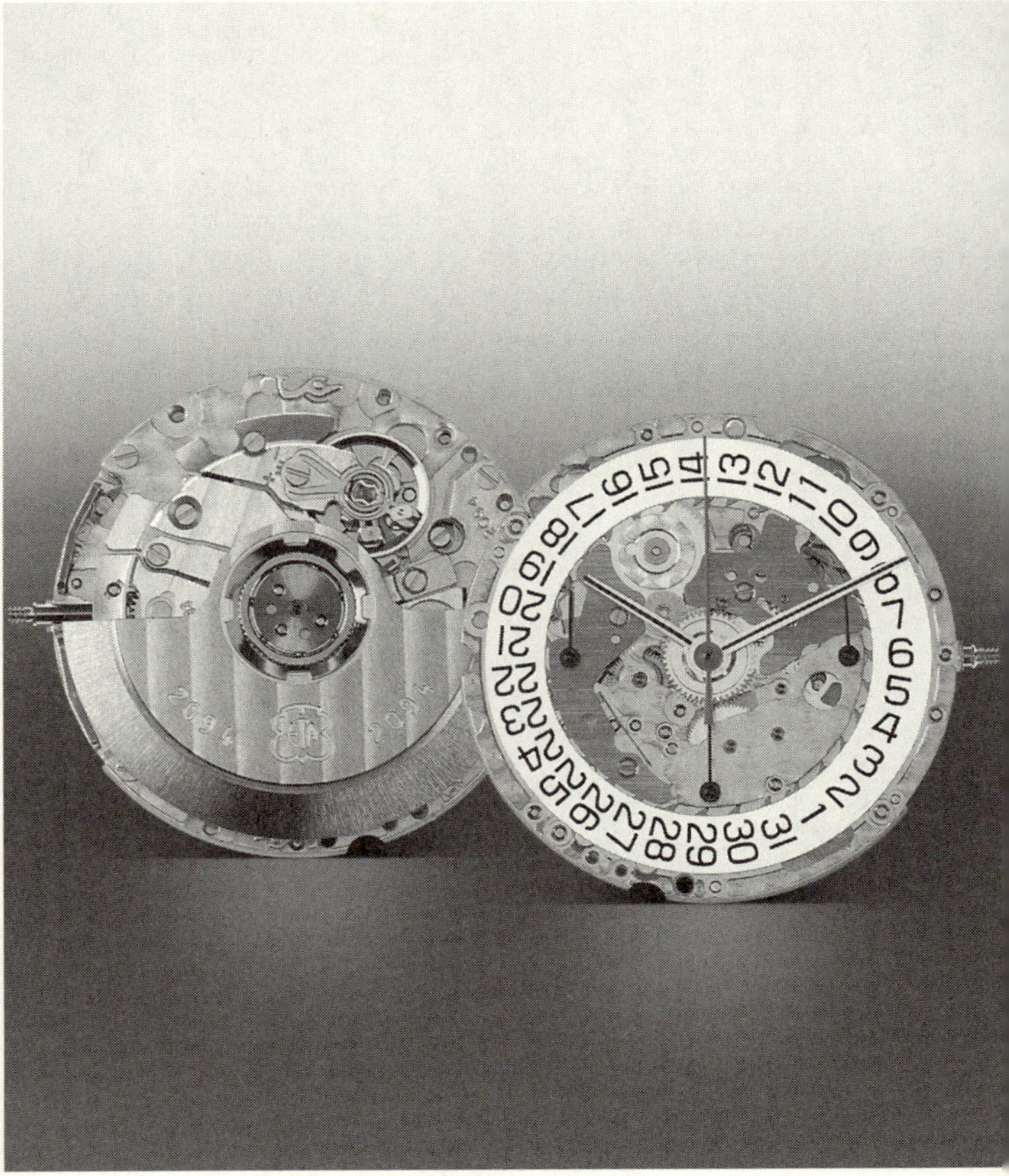

ETA社のムーヴメント

加えて、別の名前のムーヴメントとすることも行なわれます。こうした場合にはベースとなるムーヴメントのことを「エボーシュ（半製品）」と呼びます。この方式は、早くから分業が発達したスイス時計産業の伝統なのですが、ムーヴメントにこだわるひとは、完成品ムーヴメントのルーツを明らかにすることを求めます。最近では時計メーカーのほうでも、そのムーヴメントが何であるのかを明示することが増えてきました。

ムーヴメントのブランドで異色と言えるのが「ルノ・エ・パピ」でしょう。ルノ・エ・パピは、もともとスイス三大時計ブランドのひとつオーデマ・ピゲ社の複雑時計部門が、半ば独立するような形で複雑時計専門の工房を構えたものです。オーデマ・ピゲ社を中心にトゥールビヨン（71ページ）、ミニッツ・リピーター（90ページ）など本当に複雑な技術を要するムーヴメントをカスタムメイドしています。オーデマ・ピゲ社以外でも、ルノ・エ・パピの複雑時計ムーヴメントを搭載する有名ブランドが存在しています。

ムーヴメントの話は本当に尽きないのですが、こうした情報は、私と同様、学習院生涯学習センターで講師をされている瀧澤広さんが編集長の雑誌「インターナショナル・リストウオッチ（I.W.W.）」が非常に参考になります。ムーヴメントにこだわる時計ファンは必見の雑誌ですので、ぜひご覧になってください。

腕時計フェティシズムの極致――スワンネック偏愛《フィリア》――

機械式ムーヴメントにこだわる時計ファンの楽しみは、ムーヴメントそのものを鑑賞することです。こうしたファンに応えて、「シースルーバック」という仕様を採用する腕時計が増えてきました。腕時計のケース裏蓋をサファイヤガラスにして、ムーヴメントが見えるようにしたのがシースルーバックです。かつてこの仕様は、防水性能を確保するのが難しかったのですが、いまでは三気圧防水（日常生活防水）は当たり前、五気圧以上の防水も可能になり、実用的になってきています。

シースルーバックがないモデルでも、ムーヴメント・ファンは自分で裏蓋を開けてでもムーヴメントを見たがります。専用の工具も売っていますので、凝るひとにとっては難しいことではありません。そこまでしてでも、見たいのがムーヴメントなのです。なぜ、それほど魅力的なのでしょうか。

ひとつは、全体の造形です。定評あるムーヴメントは、非常に整然としたフォルムを持っています。まさに機械美と言っていいでしょう。いまはもう作られていないビーナス、ランデロンといった過去のムーヴメントなど、見ていてため息が出るほどの美しさがあります。

もうひとつは、「仕上げ」です。高級ムーヴメントは地板を、コート・ド・ジュネーヴという波形の細かい模様を施して仕上げるのが約束事となっています。シースルーバックでもない腕時計の裏蓋を開けてこの細工を見いだすと、普段は目に触れることのない場所での誠実な仕事に、畏敬の念さえ覚えます。シースルーバックではこの他に、細部を金メッキで仕上げたり、または本当の金を使ったりと、見せるための細工が施されているものが多く見られます。

しかし、本当の見どころは細部にあります。ムーヴメント鑑賞の愉しみは、なんと言っても調速機構周辺の、技術の粋を見ることでしょう。その中でもバランス（テンプ）の調整方式が、ムーヴメント通の最大の鑑賞ポイントです。

バランスは正しい時を生み出す、時計でもっとも重要な部品です。この部品の形状は、調整方式によって異なります。さらにこの調整方式の違いこそが、ムーヴメントのポリシーとも言える部分なのです。

ごく一般的なムーヴメントでは、「スムーズ型」のバランスです。なんの不思議もない、輪の形をしています。これが高級ムーヴメントになると、「チラねじ」と呼ばれる一六個から一八個のビスが、バランスホイールの外周に埋め込まれます。チラねじを調整することで、回転・往復運動を行なうバランスの慣性モーメントを制御します。この調整が非常に微妙な

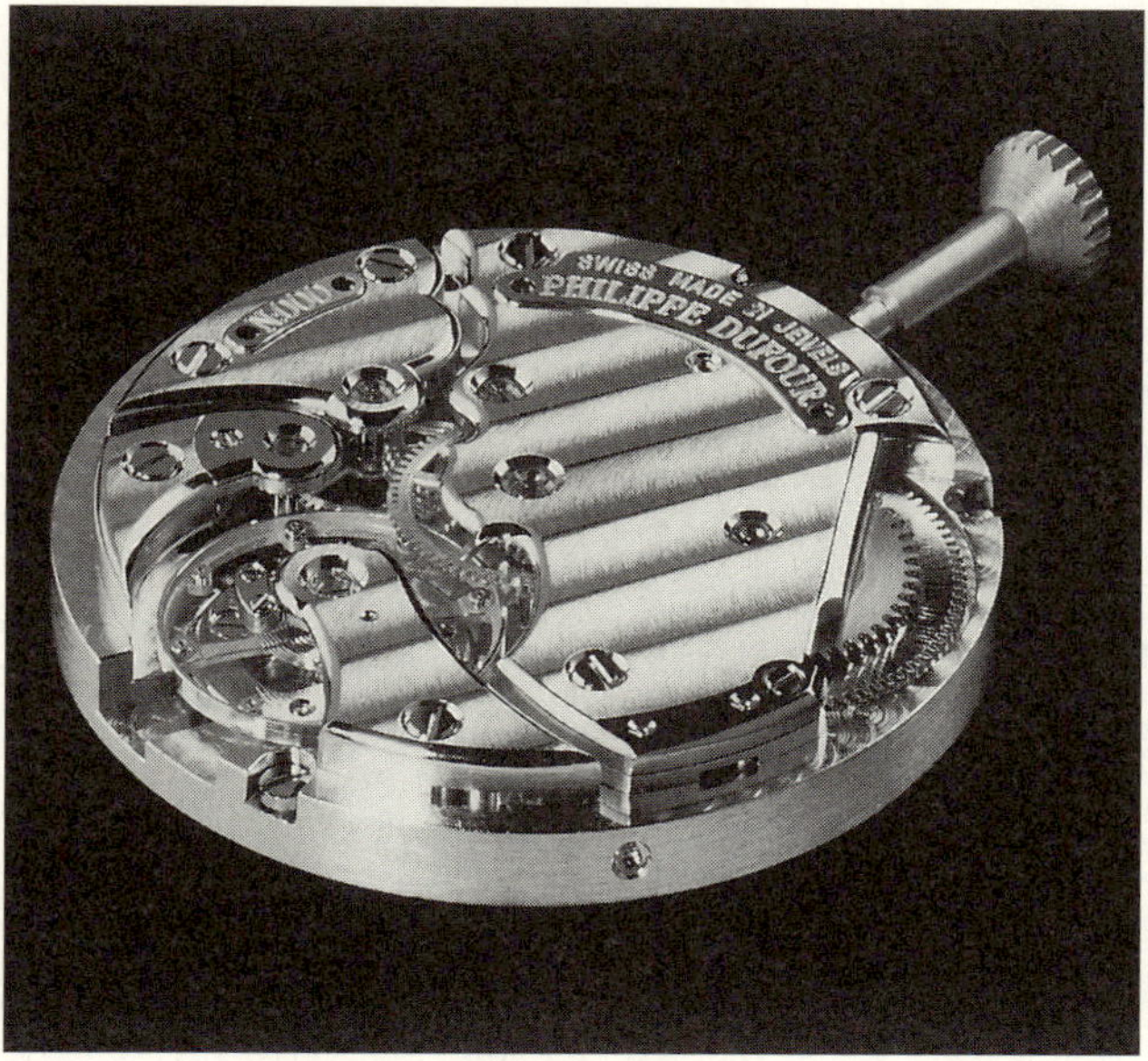

フィリップ・デュフォー「シンプリシティ」のコート・ド・ジュネーヴ模様

のですが、そのぶん精度を出すことができるのです。この、トゲが飛び出たような形状は、高級ムーヴメントの証明です。

一方、パテック・フィリップ社の特許である「ジャイロマックス」だけは、こうしたトゲは飛び出ていませんが、コレットと呼ばれる八個の部品がホイールに埋め込まれており、これによって微調整が行なわれます。世界最高級と呼ばれるパテック・フィリップ社のムーヴメントの、確かな証《あかし》ということになります。

こうした違いを確認することが、ムーヴメント鑑賞における大きな目的なのですが、それとは別の次元で鑑賞されるものがあります。「スワンネック」と親しみを込めて呼ばれる、微調整ための機構です。スワンネックは、かつてポケットウォッチの時代にはよく使われたのですが、いまでは超高級ムーヴメントの一部か、または非常に趣味的なムーヴメント、または過去のデッドストックを使った腕時計でのみ用いられています。

この機構は、白鳥の首のような曲線を描く部品とねじで構成されています。そのねじを回転させて「緩急針」と呼ばれる微調整のためのパーツを制御し、時計の進み遅れを調整します。緩急針を直接調整する一般的な方法よりも、細かい調整が可能になるのです。

ただし、実際のところ、ここまでの調整がいまでは求められていません。精度を出すので

スムーズ型のバランス（ロンジン130周年記念モデル）

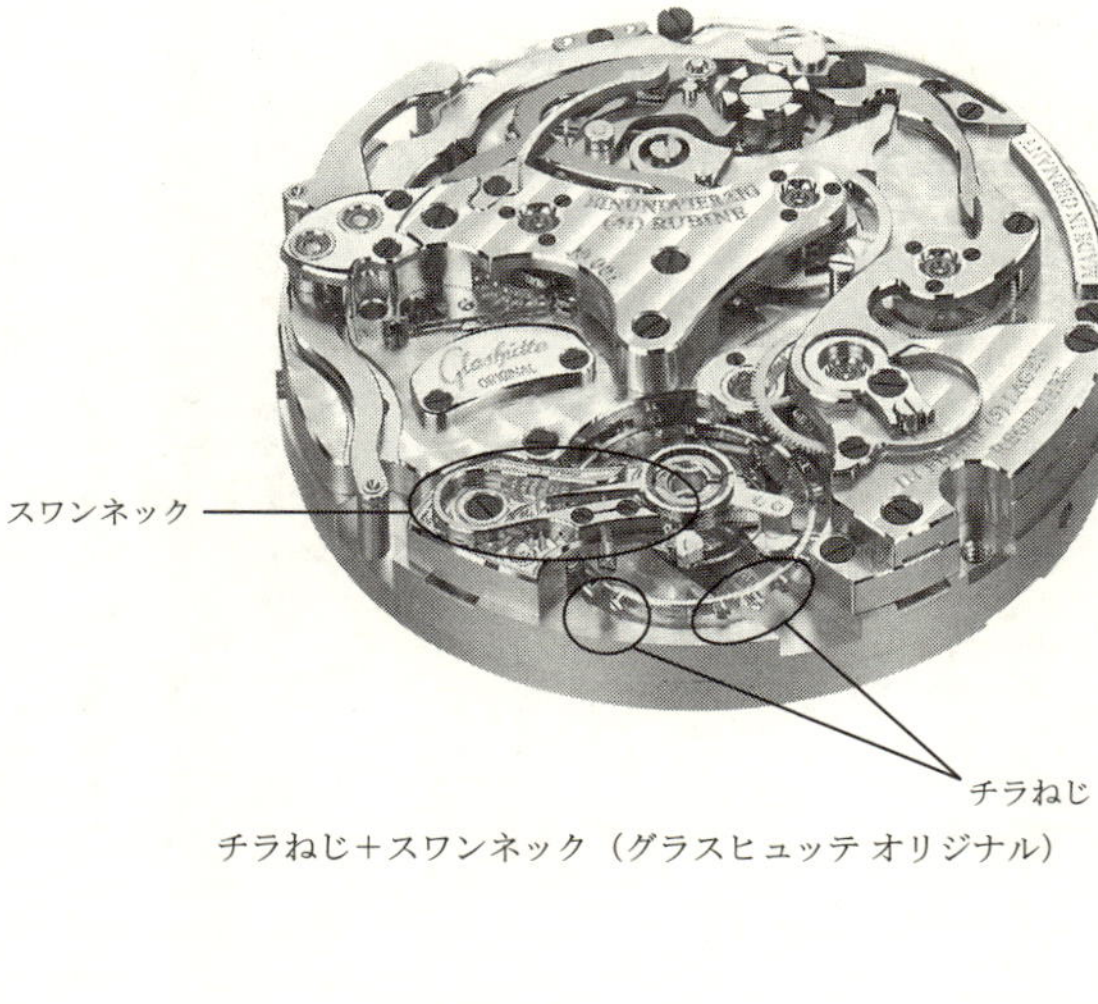

チラねじ＋スワンネック（グラスヒュッテ オリジナル）

あればジャイロマックスのほうが優れているというのがいまの常識です。

しかし、スワンネックの魅力は別のところにあるようです。つまり、どちらかと言えば知性的で冷徹な美しさ=機械美を見せるムーヴメントの中で、スワンネックはなんとも優雅な、曲線美を見せているのです。誤解を恐れずに言えば、うなじのセックスアピールに通じるものさえ感じます。その機構の意味を超えて、「スワンネック偏愛《フィリア》」がいまも衰えない所以《ゆえん》ではないかと思います。

スワンネックの時計を手にすることはその価格と希少性からいって難しいのですが、もっとも可能性が高いところで「ミネルバ」というブランドを挙げておきましょう。ミネルバは製品名「ピタゴラス」の名前で知られる、キャリバー48というムーヴメントをここ四〇年来作りつづけている奇跡的な時計メーカー。チラねじ付きのバランスに、スワンネックはオプションで搭載可能です。

ちなみに熱狂的なファンが少数存在する(私の講座の生徒「ヤマネ先生」もそのひとりです)このブランドは、最近経営陣が交代したばかりです。もともとても良心的な半面、非常に品薄のブランド。ファンはその行く末にやきもきしています(現在は各国の代理店同様、日本の代理店でも取り扱いを見合わせているそうです)。

ミネルバ「キャリバー48」

ミネルバ「ピタゴラス」（キャリバー48搭載）

（写真提供・石岡商会）

いいクォーツ、いやなクォーツ

ムーヴメントの話となると、どうしても機械式の話になってしまいがちです。しかし現実的には、いま世界の腕時計の九割以上がクォーツ・ムーヴメントです。そんな背景の中で、機械式腕時計のファンはクォーツに否定的です。というより、クォーツを完全に無視する筋金入りの機械式ファンが、決して珍しくないのです。しかもこれが面白いことに、機械式腕時計の本家本元であるスイスの時計関係者と、クォーツ腕時計の元祖・日本の腕時計ファンのシンクロニシティなのです。

スイスの時計関係者には、いまでもクォーツに対する嫌悪感を隠さないひとが珍しくありません。しかも、「ブランパン」のような「過去にも未来にも絶対にクォーツは作らない」と宣言したブランドだけでなく、実際はクォーツも作っているブランドのひとにもクォーツ嫌いは多いのです。「ショパール」社のカール・フレドリッヒ・ショイフレ氏のように、意地で自社製機械式ムーヴメントを開発した強者もいます。

では、なぜ、機械式腕時計のファンはクォーツが嫌いなのでしょう。スイスの時計関係者からよく聞くのは「気味が悪い」、はては「死んでいる」という意見です。気味が悪いというのは、自分が命令してもいないのに動くものへの反感とでも言えばいいのでしょうか。電池で動き、しかもスウィッチもない腕時計は、勝手に動く無気味な「異物」なのだそうです。「死んでいる」というのは、クォーツと機械式腕時計を見分けるポイントでもある、クォーツ独特のステップ運針のことを指します。クォーツは電池を節約するために、一秒に一回しか針を動かしません。それが死んでは生き返るゾンビのように思えるのでしょうね。多分に感覚的ではありますが、鋭い意見だと思います。

そのバックグラウンドには、やはりクォーツ・クライシスとして語り継がれるスイス時計の冬の時期の記憶があるのでしょう。一九六九年に世界初のクォーツ腕時計「セイコー クオーツ・アストロン」が発売され、続く短期間に、世界の時計市場は日本発のクォーツに席巻されました。ヨーロッパの時計産業は根底から脅かされ、そのもっとも深刻な影響を受けたのがスイスです。機械式腕時計はなくなる、とまで言われた時期です。

その機械式腕時計が、いま復権しています。しかも、ほかならぬ日本のファンが、機械式腕時計を支持していることが、彼らにはとてもうれしいようです。決して意地悪な感情ではなく、彼らは日本に「借りを返して」いるのでしょう。相変わらずクォーツは世界の腕時計の主流です。セイコーは年間一億個のクォーツ・ムーヴメントを世に送り出しています。しかし、機械式腕時計は生き残り、活気を取り戻しているのです。

ところで、クォーツの開発は、安定した精度を出すための時計産業全体でのチャレンジでした。事実スイスでも、セイコーに先立ってクォーツの研究開発は進められてもいたのです。結果としては、日本が開発競争に勝利しましたが、いまではスイスもクォーツの主力生産国です。スイス製クォーツ搭載の「スウォッチ」がいい例でしょう。

ただし、スウォッチが証明しているように、クォーツはあっという間に量産化が可能になり、安価になりました。クォーツ・ムーヴメントにも実際は高級品と普及品があるのですが、一〇〇円ショップで腕時計が見られるほどですから、その価格は想像がつくでしょう。クォーツは希少性と、それに伴う高級感にはまったく関係のないものになりました。均質で安価な工業製品は、愛されるエンジンとしての資格をなくしてしまったような気がします。日本の腕時計のファンは、腕時計と自分との関係を生きているところがありますが、その相手としてクォーツはふさわしくないのかもしれません。

ただし、クォーツ・ムーヴメントは非常に優れた製品です。安定した高精度を出す腕時計を、安定して生産することができます。また、時計を徹底的に薄く、小さく、軽くしたいのであれば不可避的にクォーツを選ぶことになるでしょう。特に「小さいこと」が要求される女性向け時計には特に向いています。コンコルド社の腕時計「デリリューム」が破った厚さ

セイコー「クォーツ・アストロン」

一ミリメートルの壁も、クォーツでなければ達成できない世界記録でしょう。クォーツを必要とする明確な意思を持ったクォーツであれば、好ましいのではないかと思います。

クォーツを積極的に支持するひとが多いのはアメリカでしょう。日本では機械式腕時計専門のメーカーと思われているブランドが、北米市場ではクォーツを発売したりもしています。アメリカはプラグマティズムの思想——結果が好ましければ、手段は正当化される——の国です。軽いし、薄いし、正確で、なかなか止まらないクォーツを、否定する理由はないのです。

手巻き対自動巻き

機械式腕時計の動力装置は、今も昔も手巻きか自動巻きのどちらかとなります。このどちらを選ぶかというのは、なかなか難しい問題です。

実際は、自動巻きを選択するのが妥当ということになるはずなのです。というのも、自動巻きは手巻きの欠点を補う技術革新として誕生した経緯があるからで、これは筋の通った話のはずです。ポケットウォッチの時代にブレゲやペルレ、腕時計時代に入ってロレックスなどが挑んだ偉大な成果が自動巻きです。初めて自動巻き腕時計を持ったひとなら誰でも、時

コンコルド「デリリューム」

計を振って、しゅんしゅんという微かな音と振動を確認したことがあるでしょう。自動巻きは、手巻き腕時計に取って代わるはずのものでした。

しかし、腕時計の世界ではそう簡単にパラダイムは変わりません。

ひとつには、自動巻きにすると、機械は必然的に厚く、重くならざるを得ません。ゼンマイを巻くための錘《おも》り（ローター）を納めるのは、ふつうは時計の裏側です。このローターは巻き上げの力を得るために、ある程度の重さがどうしても必要なのです。パテック・フィリップのマイクロローターのように、ムーヴメントの厚みの中にローターを納めてしまう技術もありますが、たいていの自動巻き腕時計は、手巻きよりも重くて厚いのです。

そういう理由から、薄さを出したい時計や、複雑な機構を納めるコンプリケーション・ウォッチでは、手巻きを採用することが多くなります。手巻きの機構は、それをベストの選択とする時計を失ってはいないのです。

ちょっと論点がずれるかもしれませんが、手巻き時計がどうしても必要だったエピソードがあります。手巻きが明らかに自動巻きに優越する「ある環境」のもとでのストーリーです。

人間が行動することを許されている環境の中で、自動巻きが機能しない場所があります。

宇宙船の中、宇宙空間、月面。科学の進歩により人間がはみ出すことを許された地球の外では、無重力のために自動巻きはゼンマイを巻き上げてはくれないのです。アポロ11号の宇宙飛行士たちとともに月面に降り立った初めての腕時計は、手巻きのオメガ・スピードマスター。時は一九六九年、七月二〇日。月着陸船イーグルが異星の処女地に軟着陸したとき、その「手巻き」はおそらくGMT（グリニッジ標準時）で、八時一七分を刻んでいたはずです。

また、アポロ13号のフライトの事件は映画化もされたのでご存じの方も多いでしょうが、酸素タンクの爆発という深刻なアクシデントに見舞われる中で、乗組員たちは無線以外のすべての計器を作動停止し、彼ら自身がゼンマイを巻き上げることで動く腕時計だけが生死の境目にある彼らを支える計器だったということです。彼らは無事生還を果たしています。

誰もが宇宙に行くわけではないのですが、手巻きが命の綱になったこともある、という話です。

なお、いまでは手巻きでも、動力源のゼンマイを増やすなどして、一週間以上ゼンマイを巻かなくても大丈夫なものが登場しています。そうでなくても、手巻きを感覚的に好むひとがいまでも多いのは面白い現象ですね。手巻き好みの方にその理由を尋ねたら、こんな答えが返ってきたことがあります。曰く「ペットに餌をやるようなもので、面倒臭いが愉しみでもある」。腕時計と自分との関係を生きる愉しみが、ここにもあるようです。

本当にエコな時計は？

ずいぶん前になりますが、腕時計のムーヴメントが、エコロジーの観点で語られたことがありました。つまり、電池をゴミとして出すクォーツは地球に優しくない、という話です。そのせいもあったのか、さまざまに登場しだしたのが、新型のクォーツ・ムーヴメントの一群です。セイコー「キネティック」、シチズン「エコ・ドライブ」などの商品名で目にしたひとも多いでしょう。クォーツではあるが、電池はない。クリーンなクォーツです。

オートクォーツは、言ってみれば自動巻きのクォーツです。「キネティック」の場合は自動巻き腕時計と同様のローターの回転によって発電し、クォーツを動かすシステムです。ということは、クォーツであることは間違いないにせよ、それに自動巻きという機械式の要素もあると言えます。機械式マニアやファンにしてみれば「所詮クォーツ」と言って切り捨てたくなるでしょうが、それに愛すべき自動巻きのローターがくっついていることになれば、また話はちがってきます。

さらに同じセイコーの「スプリング・ドライブ」は、クォーツでありながらゼンマイを動力源としています。しかも、電子調速機構を使った秒針の動きはふつうのクォーツのような一秒ごとのステップ運針ではなく、機械式のようなスイープ運針です。ちょっと見ただけで

シチズン「エコ・ドライブ」

セイコー「クレドール・スプリング・ドライブ」

は、機械式腕時計だと思われるでしょう。

ちなみにシチズンの「エコ・ドライブ」は、光発電でクォーツを動かします。こちらも電池の廃棄の問題が起こらない、エコマーク認定の腕時計です。また、腕に嵌めているだけで発電する「エコ・ドライブ サーモ」というのもシチズンの製品です。

スイスでも、こうしたタイプの腕時計は作られています。あまり話題にならなかったのですが、ちょっと前には「ティソ」がこのタイプのものを発売しました。

また、世界的なファッションブランドを母体に持つエルメスの腕時計「ノマード」もオートクォーツで有名です。スイスメイドのオートクォーツを搭載したクロノグラフで、四五日間ノンストップです。ノマードというのは「遊牧民」の意味ですが、エコロジックで、止まる心配がないオートクォーツ・ムーヴメントの特性を旅のイメージに展開し、こうしたネーミングに纏《まと》めたコンセプトは秀逸だと思います。

新世代ムーヴメント

今後の腕時計のムーヴメントは、どうなっていくのでしょうか。この問いに答えることはたいへんに難しい気がします。海外の見本市などで出会うジャーナリストらと話をしてみる

エルメス「ノマード」

と、機械式への「回帰」はまだ続くだろう、という意見が多いようです。携帯電話やPDA（携帯情報端末）などの情報機器が身の回りに氾濫した結果、ひとはより温かみのある機械を求めるようになるのだ、という彼らの論理にはなるほどと思わされます。特にヨーロッパのひとびとは最新の機械が大好きですが、一方でその正反対の嗜好も色濃く持っています。F1も好きですが、トゥール・ド・フランスなどの自転車レースも大好き、というアンビバレンツは、彼らの中でバランスをとっているのでしょう。機械式腕時計の作り手側の考え方が、よく分かるような気がします。

一方で、日本ではセイコーが再び、機械式ムーヴメントを自社生産、それを搭載する腕時計を生産し始めています。輸入される機械式腕時計の成功に刺激されたのでしょうが、決して足元が脅かされているわけでもないクォーツ腕時計の巨人が、こうした取り組みを行なうということには興味がそそられます。もともとセイコーがクォーツの方向に舵を切ったのは、遥かに先を行っていたスイス「機械式」腕時計の技術力に同社が肩を並べた時期でした。その、中断した歴史の再開には、ある種の時代的要請を感じます。

改めて振り返ってみると、腕時計は初め手巻きムーヴメントで始まり、後に自動巻きの誕生をみました。さらにはクォーツ、オートクォーツ、光発電クォーツなどを生むことになったわけですが、どれも以前の技術を駆逐はしなかったのです。そのすべてを飲み込んで、いまの腕時計の枠組みが出来上がっています。精度の問題は、自動的に誤差を補正しつづける「電波時計」の登場で一応の決着がついてしまったようですが、だからといって精度へのチャレンジは終わったわけでもないのです。

おそらくは、腕時計のパラダイムはまだ爛熟しきってはいないのでしょう。パラダイム転換の前には、水が一杯に満ちて必然的にひっくり返るようなプロセスがあるのでしょうが、腕時計の誕生からまだ百余年、先人たちが用意した水桶はまだまだ余裕があるようです。機械式もクォーツも、この先も残っていくはずです。

機械式ムーヴメントの分野では、いまも新たな発明や開発が続いています。オメガが採用し、搭載機種を拡大している「コーアクシャル脱進機」（脱進機とは、ゼンマイが解ける際に生じる力をコントロールし、時計の進み具合を調整する機構のこと）などは、おそらく時計史に残る出来事になるでしょう。フィリップ・デュフォーの「デュアリティ」など、個人レベルでの研究開発は、いまも時計師たちの手によって続けられています。腕時計の歴史を受け継ぐべく、若い技術者の卵たちが時計学校を毎年卒業しています。

フィリップ・デュフォー「デュアリティ」

超絶技術トゥールビヨンの今日的意味

ムーヴメントの話の最後に、トゥールビヨンについて触れておきたいと思います。いまトゥールビヨンはさまざまなブランドから発表され、注目を集めています。価格が数百万円を下らないこの時計は、次章の「複雑時計のナワバリ」の項で触れてもいいのですが、実はトゥールビヨンは時計の世界で言う複雑時計には該当しません。複雑時計というのは、時計に複雑な「機能」を加えたものであり、正確さを出すための複雑な「機構」そのものであるトゥールビヨンはこれにはあたらないのです。

かたいことを言うようですが、私なりの考えもあります。すなわち、複雑な機能を実現しない複雑さそのものである、トゥールビヨンという存在に、なんらかの意味があると考えるわけです。

トゥールビヨンの役割はこのようなものです。まず、機械式腕時計はその使用の状態から考えて、持ち主が一定の姿勢を保っていることはできません。持ち主の姿勢が腕時計の姿勢に影響を及ぼすことは避けられないのです。そしてこの姿勢の違いは、精度に微妙な影響を及ぼします。つまりムーヴメントにかかる重力の方向が変化することによって誤差が生じるのです。

影響を受けるのはバランスホイールです。重力のかかる方向によって、小さなバランスホイールの動きがわずかに促進、あるいは妨げられます。姿勢値誤差と呼ばれるこの障害を解消するのがトゥールビヨン機構です。

トゥールビヨンでは、時計の精度を左右する脱進機構と調速機構が小さなキャリッジ（枠）に納められ、このキャリッジは一定周期で一定方向に回転します（左ページ写真）。この運動によって姿勢値誤差を自動的に補正するのです。動いているトゥールビヨン時計を見ると、その規則的（現行のものは一分間に一回）で、神秘的な回転を見ることができます。

時計の技術の中で、トゥールビヨンの製作はもっとも精緻な技術に数えられるでしょう。他にどんな熟練の技術・技巧が施されていても、この機構を持った時計の呼称には「トゥールビヨン」の名が加わります。ラインナップにトゥールビヨンを加えることのできるメーカーは、世界最高レベルのブランドの中でもごく僅かです。そして、伝統ある高級腕時計メーカーであるそれらの老舗の中でも、トゥールビヨンは他の製品と桁外れの対価が当然とされるわけです。トゥールビヨンを買うことができるなら、三〇フィート以上のセイリングクルーザー、二カラットのダイヤモンドだって買うことができるでしょう。

この機構の発明は一七七五年、時計界の不世出の天才、アブラアン・ルイ・ブレゲが考案

フランク・ミュラー「トゥールビヨン・レボリューション」

者です。「時計の歴史を二〇〇年早めた男」の発明は、なるほど二〇〇年を経過したいまもいささかも色褪《いろあ》せていません。

トゥールビヨンとはフランス語で「渦巻き」の意味です。機構自体が回転するところからついた名称なのでしょうが、この渦には人間を吸い込むほどの魅力があります。実際、この運動を眺める機会を与えられたなら、飽くことを知らず眺めつづけるでしょう。トゥールビヨンは時を忘れさせる時計です。

正確さを出すこと以外にトゥールビヨンの実用的な役割はないのですが、この存在の意味は、もはやそこだけにとどまってはいません。自らの「複雑さ」の中で系を閉じるトゥールビヨンは、時計そのものの存在意義と重なるわけです。

時計を文化の言語で語るとしたならば、トゥールビヨンは貴重な文化財ということになるでしょう。そして発明以来二世紀を経過したこの頂点の技術は、レトロの範疇《はんちゅう》に押し込められるどころか、いまなお挑戦者を生みつづけているのです。

Ⅲ　機能で考える

この章では、腕時計の機能について考えてみましょう。
腕時計には現在時刻を知るという基本の機能がありますが、その他にもさまざまな機能を求めることができます。どういった機能があり、それが自分の求めるものであるのか、自分に必要がないものであるのかを見極めてみましょう。

複雑時計のナワバリ

時計に計時機能以上の役割を与えたものを、一般に「複雑時計」と呼びます。コンプリケーション、コンプリケーテッド・ウォッチという呼び方も同じ意味です。なお、本来はこれは機械式時計の言い方で、クォーツ時計でこうした機能を持つ場合は複雑時計とは呼ばないのがふつうです。

複雑時計の範囲というのは、最近ではとてもあいまいになっており、どこからが複雑かというのは微妙な問題です。前章の終わりで述べたように、私はトゥールビヨンを複雑時計に含めませんが、含めるひともいます。一方、クロノグラフは明らかに複雑時計ですが、そうは分類しないこともあるようです。

もっとも伝統的なものでは、複雑時計の範囲と分類は以下のようになります。聞き慣れない用語がたくさん出てくるでしょうが、それらの意味については後の文章の中で登場するときに随時説明していきます。

●クロノグラフ（ストップウォッチ機能）
1．デッド・ハンド（インデペンデント・セコンズ）＝独立して動かし、止められる秒針。クロノグラフ針と同様。
2．フードロワイヤント（インディペンデント・ジャンピング・セコンズ）＝一秒以下の単位を計測する独立した針。
3．クロノグラフ
4．クロノグラフ・ラトラパント（ラトラパンテ、スプリット・セコンズ）＝二本のクロノグラフ針を持ち、途中経過時間（スプリットタイム）が計測可能。

●リピーター＝レバーやボタンの操作により、そのときの時刻を音で知らせる機構。ふつう二つのゴングと二つのハンマーを使い、高音と低音の組み合わせで音を表現する。
1．クォーターリピーター［時（低音）、一五分（低音・高音）］

2．ドゥミ・キャール（ハーフクォーター）［時（低音）、一五分（低音・高音）、七・五分（高音）］
3．5ミニッツ・リピーター［時（低音）、五分（高音）］または［時（低音）、一五分（低音・高音）、五分（高音）］
4．ミニッツ・リピーター［時（低音）、一五分（低音・高音）、分（高）］
5．グランド・ソヌリー［ミニッツ・リピーターに加えて、毎正時と毎一五分に自動的に鳴る］
＊プティット・ソヌリー［ミニッツ・リピーターに加えて、毎正時に自動的に鳴る］
＊カリヨン（カテドラル）［三つまたは四つのゴング、ハンマーで一五分を鳴らす］

●カレンダー
1．シンプル・カレンダー（日付・曜日の表示）
2．永久カレンダー
3．ムーンフェイズ（月相表示）
4．イクエーション（均時差表示）

（FRANCOIS LECOULTRE の分類「LES MONTERES COMPLICEES」による）

一方、今日的な分類は以下のようになります。これは表示の「系」を重視した分類方法です。

●表示系

1．ウィンドウ・ディスプレイ（ジャンピング・アワーなど）
2．インディペンデント・セコンズ
3．ミニッツ・リピーター
4．グランド・ソヌリー／プティット・ソヌリー

●天文学系（カレンダー系）

1．シンプル・カレンダー（日付・曜日の表示）
2．永久カレンダー
3．ムーンフェイズ

4. イクエーション
5. 天空図（アストロノミック・アルマナック）

●機能系
1. アラーム
2. クロノグラフ
3. スプリット・セコンズ
4. インディペンデント・ジャンピング・セコンズ（フードロワイヤント）
5. 複数のタイムゾーン
6. パワー・リザーブ

（DIMITRIS XANTHOS の分類「LEXIQUE DU GENIE HORLOGER」による）

この分類をしたDIMITRIS XANTHOSも、「これが時計製作者の認めるすべてではありません」と著書では断わり書きを入れています。よって新たな複雑時計が生まれる可能性もあるわけです。複雑時計の定義は時代によって変わるのです。

ムーンフェイズの存在意義

では、今日的な分類の中で、興味深いものをいくつかピックアップしてみましょう。

天文学系の三番目に挙げたムーンフェイズは、その日の月の形を示す機構です。二〇〇年以上前、ポケットウォッチの時代からあるものなのですが、現在でもよく見られます（83ページ写真）。ところが、これは複雑時計の機構の中でも、もっとも「なんのためにあるのか分からない」ものかもしれません。現代は月の形がどうあろうと関係ない時代ともいえますが、この機構は使い方を覚えると現在でも実用的であり得ます。特に、海に関連する職業や趣味を持っているひとは、この時計は便利なはずです。その意味を説明しましょう。

ムーンフェイズが表しているのは月の位相、見かけです。月は約二九・五三〇五九日でワンサイクル、つまりまったく見えない新月の日から次第に大きく見えるようになっていき、満月をピークにまた小さくなりはじめ、この日数で元に戻ることになります。これを表しているのがムーンフェイズです。ふつうムーンフェイズは、月を二つ描いたディスクを、約五九日間で一周するようにセットします。

昔の太陰暦は、この月のサイクル（約二九・五三〇五九日＝一朔望月）をひと月として考えており、それを一二または一三倍して一年としていたわけです。この年の数え方は、月の位相と一致しています。ただし太陽の一年とは一致していないため、同じ月で季節がずれてしまうという問題がありました。このために太陰暦は太陽太陰暦（旧暦）、現在の太陽暦（グレゴリウス暦）へと変わっていったわけです。

ところが一方では、太陽暦が月の位相と一致していないと、都合がよくない場合があるのです。それが、潮汐《ちょうせき》の問題です。

満潮、干潮などと言われる現象は、月の引力によって起きています。地球の中心と月を結んだ線上の海面が月の引力によって吸い寄せられ、盛り上がりが最大となったときが満潮になるわけです。このとき、潮汐力の働きで潮流が起こりますが、地球の真裏側でも遠心力による起潮力で潮流が起こります。その結果、月に面した満潮の真裏側でも、満潮が起きているわけです。一方、満潮が起きている方向と九〇度の角度にある海面は引力の影響が最小となり、干潮となります。満潮と干潮は地球の自転によって、一日二回ずつ起きることになる。これが潮汐の基本原理です。

ところでこの満潮・干潮を起こす潮汐力は、一定ではありません。太陽、月、地球の位置が一直線に並んだときには潮汐力が最大となります。その結果、満潮時の潮位はより上がり、干潮時の潮位はより低くなる「大潮」になります。逆に、月、地球、太陽の角度が九〇度の

ブランパン「ル・ブラッシュ」

ときは潮汐力が最小となるので干満の差は一番小さくなる、これが「小潮」です。

そして、この大潮、小潮は月の位相と関連しています。月の位相は月、太陽、地球の並び方で変わるものだからです。つまり月の見え方で、この関係を読み取ることができ、それは大潮、小潮とリンクしているわけです。ちなみに新月と満月のときが大潮であり、半月のときが小潮です。ムーンフェイズの時計は、この関係を、腕時計の上で表示しています。

月は曇りや雨の日は見えません。ところがムーンフェイズ腕時計は天気に関係なく、月相を教えてくれるのです。昔においてはまさに実用的な意味があったでしょう。現在でも、漁師やヨット乗りは港で手に入る潮汐表を利用するのが通例ですが、それでも腕時計にその機能があると便利なはずです。

ムーンフェイズには、もうひとつの実用的な側面があります。というのも月相によって、月の出てくる時間が違うからです。満月を過ぎると月の出はどんどん遅くなり、十九日月ともなれば十五夜（満月）から四時間ほども遅くなるのです。町なかでは関係ないでしょうが、街灯のないようなところに出かける場合、たとえばキャンプなどでは、知っておくと便利でしょう。

使ってこそのクロノグラフ

機能系の二番目、クロノグラフは、ストップウォッチを組み込んだ機構と、その時計を指します。最近では非常に人気があり、かつポピュラーなので「複雑時計」と思わないひとも多いのですが、これは伝統的にコンプリケーションに分類されています。時計の基本的な機能に加えて、独立して秒針を動かしたり止めたりできるのは、考えてみればとても複雑な機能です。

クロノグラフが他の時計と大きく違うのは、文字盤センターにある秒を計測する針がふつうの秒針ではなく、ストップウォッチの針であることです。そのためにいつもはゼロ位置で停止しています。かつてはこれを「秒針が動かない」と修理に持ち込んだり、逆に動かしっぱなしにするひとが続出していましたが、いまではそんなこともないでしょう。

ちなみにふつうの秒針も、たいていの場合スモールダイヤルのひとつで動いています。他のダイヤルは一二時間積算計と、分単位の積算計に当てられることが多いようです。またジラール・ペルゴ社などには、1／8秒を表示するフードロワイヤントのダイヤルを備えたモデルがあります。

このストップウォッチは、さらに拡張した機能を作ることが可能です。たとえば外周にタキメーター目盛りを加えると「時速」を瞬時に読み取ることができます。一〇〇〇メートルを通過するのに要した時間をストップウォッチで計測すると、クロノグラフ針はタキメーター上の時速目盛りを指します。ロレックスの「デイトナ」など、自動車レース向けのクロノグラフには、タキメーター装備が約束事です。

テレメーターを備えたクロノグラフであれば、「距離」の測定が可能になります。これは、音が発生する現象を視認した瞬間から音の到達までを、ストップウォッチで計測することにより、音の発生した場所からの距離を知ることができるものです。私はこれを、雷が鳴った日の楽しみにしています。稲光りの瞬間から音が鳴るまでの時間を計測して、落雷の地点を予想するわけです。これも、クロノグラフ針が指すテレメーター目盛りを読むだけで可能になります。

また、最近多くのモデルが発売されているラトラパンテ（スプリット・セコンズ）は、マラソンランナーに重宝されているようです（クォーツが多いのかもしれませんが）。ラトラパンテはクロノ針が二本あり、スタートボタンを押すと同時に動きだします。起動した針はストップボタンのひと押しで片方のみが停止し、そこまでの経過時間（スプリットタイム）を示すわけです。そしてこの針を再び起動させると、先行して計時を続けていたもう一方の

ROLEX
OYSTER PERPETUAL
SUPERLATIVE CHRONOMETER
OFFICIALLY CERTIFIED
COSMOGRAPH
DAYTONA
UNITS PER HOUR
SWISS MADE

ロレックス「デイトナ」

針に瞬時に追いつく（ラトラパンテ）のです。針が止まっている間も機構自体は計測を続行しているわけで、非常に複雑なメカニズムと言えるでしょう。

クロノグラフは、最近とても人気です。ただし、人気の割に、その機能を使いこなしているひとがあまりいないのが残念です。使ってこそのクロノグラフですので、ぜひ機能を活かしてほしいものです。日常的になかなか便利な使い方があります。クロノグラフとは決して「ダイヤルがたくさんある時計」ではないのです。

ついでにここで、このクロノグラフの司令塔部分の話をしておきましょう。クロノグラフのストップウォッチ機構を制御する方法には二つあり、ひとつはカムを使う方式、もうひとつはコラムホイール（フランス語では「ルー・ア・コロンヌ」）という特殊な形状を持つ歯車を使う方法です。

別名ピラーホイールとも呼ばれるコラムホイールは、その名のとおりコラム（円柱）がにょっきりと立ち上がったような歯車で、シースルーバックのクロノグラフならば、プッシュボタンと連動してこの部品が制御される様をじっくりと見ることができます。

このコラムホイールは、「高級クロノグラフの証」とも言われています。実際、部品自体の製造が難しく、機構がカム式に比べてやや複雑になり、調整も微妙なテクニックが必要。

ジラール・ペルゴ「フードロワイヤント・ラトラパンテ」

価格に反映するのも当然という気がします。コラムホイールは機械式ストップウォッチ（腕時計ではなく純粋な）以来の機械式時計の伝統的な技術であり、カム機構はそれを扱いやすくした現代的な機構と言っていいかもしれません。

作動に関して言えば、コラムホイール機構はプッシュボタンがカム機構よりも軽く、レスポンスがいいのが特徴です。コラムホイールを伝統的に使っているムーヴメントとしてゼニス社の「エル・プリメロ」が有名です。

一方で、その調整のしやすさや耐久性・経済性から、カム式を支持する意見があることも挙げておきましょう。代表的な品としてはオメガの「スピードマスター」です。スピードマスターは誕生したときにはコラムホイール式の「キャリバー321」というムーヴメントでしたが、モデルチェンジでカム式の「キャリバー861（のちに1861）」に積み替えられています。

ミニッツ・リピーターはなぜ一〇〇〇万円以上するのか

複雑時計の中でも、おそらくもっとも高価なものが表示系の三番目に挙げたミニッツ・リピーターです（94ページ写真）。価格的には一〇〇〇万円を超えるのがふつうで、二〇〇〇

ゼニス「エル・プリメロ」

キャリバー321

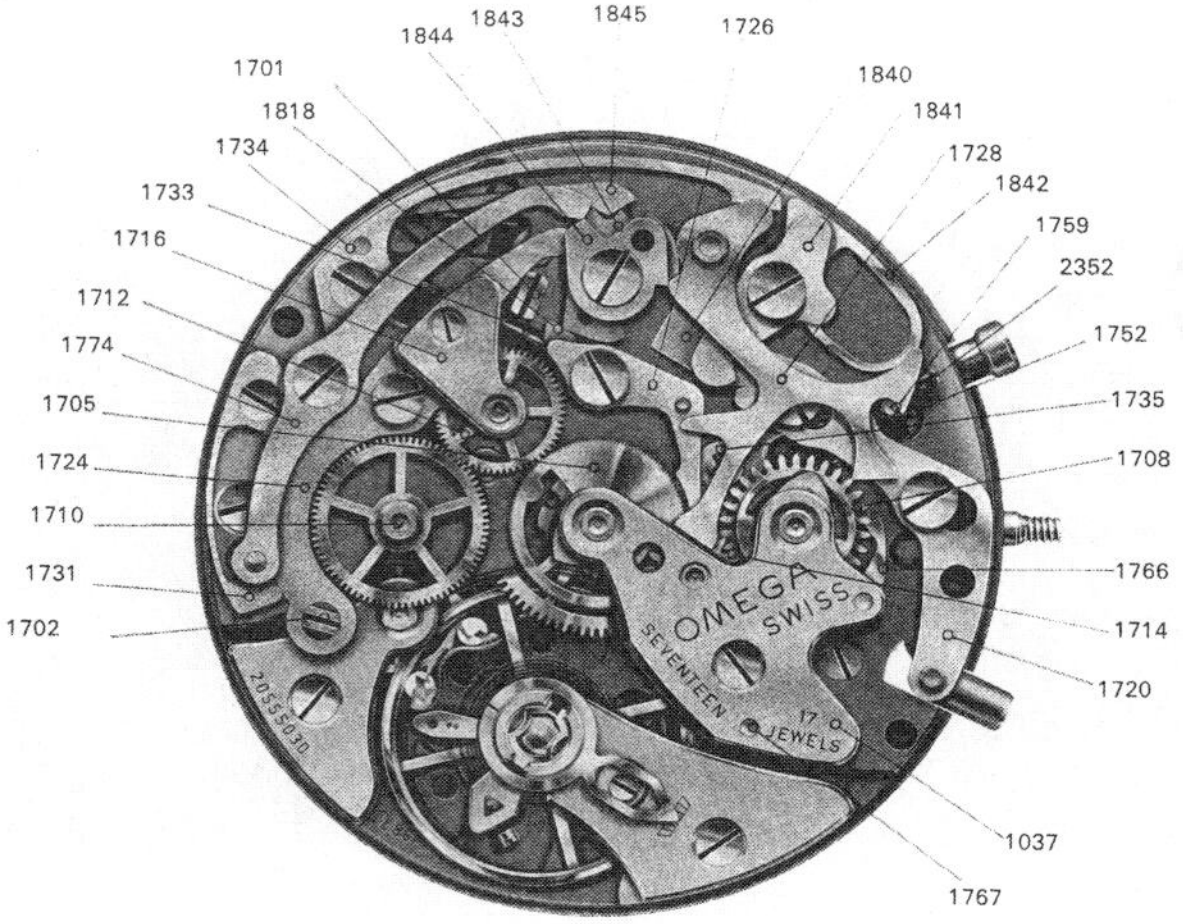

キャリバー861

万円を超えることも珍しくありません。こうした価格は、そのままミニッツ・リピーターを作ることの難しさとそれにかかる労力・時間を反映しているのでしょう。

ミニッツ・リピーターとは、「音で現在時刻を教える時計」です。見かけはふつうの時計と思いがちですが、よく見るとケースの横にレバーかボタンがついています。このレバーを引き下げると、ミニッツ・リピーター機構がそのときだけ動きだします。

音は、「時」「一五分」「分」の順に鳴ります。ややこしいようですが、これは決まり事です。ミニッツ・リピーターは二つのゴングを二つのハンマーが叩いて低音と高音の二つの音を出すのですが、「時」は低音、「一五分」は低音＋高音、「分」は高音で表現します。仮に低音をソ、高音をシの音としますと、八時五一分は「ソ・ソ・ソ・ソ・ソ・ソ・ソ・ソ（「ソ」を八回）シソシソシソ（「シソ」を三回）シ・シ・シ・シ・シ・シ（「シ」を六回）」と聞き取れます。

ちなみに、本当にソとシの音に近いので、お手近に何か楽器があったら試してみてください。または、インターネットで音を聞かせてくれるサイトもあります。実際のミニッツ・リピーターの音は、とてもか細く、可憐な高音です。

ミニッツ・リピーターは「ソヌリー」という、鳴りもの系の機構のひとつとして分類され

パルミジャーニ・フルーリエ（ミニッツ・リピーター）

ます。ソヌリーの仲間には前に挙げたように「クォーターリピーター」「ドゥミ・キャール（ハーフクォーター）」「5ミニッツ・リピーター」「ミニッツ・リピーター」「グランド・ソヌリー」がありますが、腕時計として今日作られているのは、ミニッツ・リピーターと、一部で「グランド・ソヌリー（グランド・エ・プティット・ソヌリー）」（ミニッツ・リピーターに加えて、毎正時と毎一五分に自動的に鳴る）がほとんどでしょう。

最近では、孤高の時計師フィリップ・デュフォーが、九二年に自作の腕時計「グランド・エ・プティット・ソヌリー」を発表しています。この時計によって、時計師としての彼の名声は確固たるものになりました。

さて、ではこのミニッツ・リピーターはなぜそんなにも高価なのかというと、機構全体の複雑さに加えて、細部、特に音を出すための繊細な部品の製作が難しいからと言われています。実際、ゴング（キャリオン）ひとつとっても、針のように細い針金です。これを、高く澄んだソとラの音が出るように加工し、ケースの中に納めることは並大抵の技術ではできないでしょう。

実は、スイスのある工房で、このゴングだけを作る職人と話したことがあります。スイスの時計工房は思ったよりおおらかで、いろんな製作風景を見せてくれるのですが、彼だけは

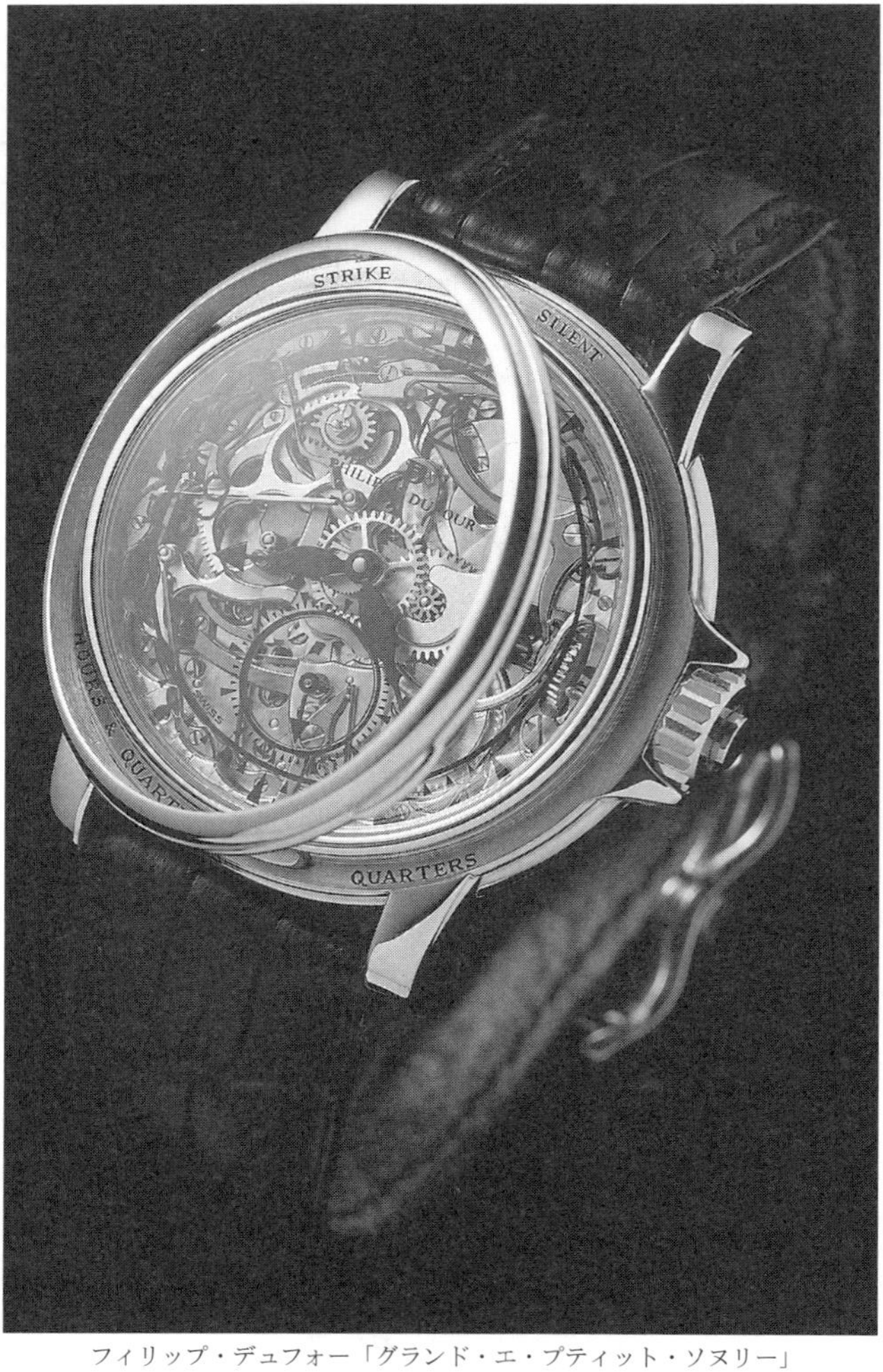

フィリップ・デュフォー「グランド・エ・プティット・ソヌリー」

違いました。彼は、ひとが見ているところでは絶対に作業をしないのだそうで、工房の他の誰も、その技術の奥義《おうぎ》については分からないということでした。彼にすれば、その技術だけで一生食べていけるわけですから、ひとに見せることなど考えもつかないのでしょう。いまだに、その技術については、私も謎のままです。といって見たところで、盗めるとも思えないのですが。

永久カレンダーへの挑戦

前後しますが天文学系の二番目、永久カレンダーは、遥か先の未来までの日付を表示しつづける腕時計です。私たちが日常手にする日付・曜日表示付きの時計とは、まったくレベルの違う機構と言ってもいいでしょう。

ふつうの日付・曜日表示付き（デイ・デイト）の腕時計では、小の月と大の月を識別してはくれません。ですので、小の月には日付の調整をしなければなりません。これを怠ったがために、約束をミスしてしまったというような経験がある方もいらっしゃるでしょう。便利なようで、落とし穴があるのです。

この点を解消したのが、「アニュアル・カレンダー」タイプの時計です。このタイプの時

ブルガリ「アニュアル・カレンダー」

ＩＷＣ「ダ・ヴィンチ」

計では、小の月と大の月を識別してくれるので、非常に便利です。月を表示する機能もついています。

しかしこれでも、問題は残ります。四年に一度の閏《うるう》年の問題です。この問題までも解決したものだけが、永久カレンダーと呼ばれる資格を得ます。

永久カレンダー時計では、この四年に一度の「プラス一日」を織り込んでいます。ということは現時点での年が、閏年から数えて何年目か、あと何年で次の閏年がくるのかを把握しているわけで、それを表示するダイヤルか表示窓を持っているのがふつうです。オリンピックやサッカーのワールドカップまであと何年か、これを見ればすぐ分かるわけですね。

ダイヤル上での閏年は、英語のＬＥＡＰ ＹＥＡＲ、あるいはｂｉｓ（＝ANNEE BISEXTILE、フランス語）、あるいは１から４までの数字の４で表現されます。これは西暦年（グレゴリウス暦）を四で割り、割り切れる年が閏年であるということに起源があるのでしょう。ここまでを機械的にプログラミングして、初めて永久カレンダーを名乗ることができます。

さて、グレゴリウス暦の閏年にはもうひとつのルールがあります。ミレニアムのときにひとしきり話題になったので、ご存じの方も多いでしょうが、本来は一九〇〇年、二〇〇〇年などの一〇〇年ごとの「四で割り切れる年」の中でも、四〇〇で割り切れない年には閏年はないのです。たとえば、二〇〇〇年は四〇〇で割り切れるので閏年になりましたが、二一〇〇年には閏年は発生しないことになります。

これに関しては、永久カレンダーを発売している各メーカーは「そのときに調整する」「そのときには部品を交換する」といった約束をしています。たいへん気の長い話ではあるのですが。

ちなみにＩＷＣ社の永久カレンダー「ダ・ヴィンチ」には、四桁の「年の表示窓」がついています。そこまで必要かという声が聞こえそうですが、こうした時計の存在は、なんともロマンティックではないでしょうか。

天文時計というバベルの塔

複雑時計の中でも、複雑きわまりないのが「天文時計」と言われる腕時計の一群です。この章の最初で複雑時計の分類を行ないましたが、その中で天文系にあたるコンプリケーションの、最高峰に位置する時計がこれになるでしょう。

天文系の複雑時計は「シンプル・カレンダー」「永久カレンダー」「ムーンフェイズ」「イ

クエーション」「天空図（アストロノミック・アルマナック）」に分かれていますが、まだ説明していない「イクエーション」と「天空図」の二つについてざっと解説します。

イクエーションというのは、「均時差表示」のことを意味します。均時差というのは、平均太陽時と真太陽時との差のことです。と言ってもちょっと分かりにくいかもしれませんが、実際に我々が一日＝二四時間としているのは、実は「平均太陽時」のことなのです。平均太陽時というのは、真太陽時の一日の平均を採ったものです。

では真太陽時とは何かというと、太陽が地球の子午線を通過し、また次に同じ子午線を通過するまで、つまり太陽から見た一日です。そしてこの真太陽時は、一年を通じて変動しているのです。これは主に地球の公転速度が一定していないことからくるのですが、結果として真太陽時と平均太陽時が一致するのは年四回だけです。この真太陽時と平均太陽時の毎日変わる差を表示するのが「均時差表示」なのです。

天空図を持つ時計に関しては、もはや人間の英知の限りを尽くしたような複雑さが要求されます。この分野で有名なのはパテック・フィリップ社の「スカイ ムーン・トゥールビヨン」（25ページ写真）。その日の夜空の姿が分かる時計です。

また、天文時計と言えば真っ先に名前が挙がるのが、腕時計界最大の知性との呼び声が高

ユリス・ナルダン「天文三部作」（左から「アストロラビウム・ガリレオ・ガリレイ」「プラネタリウム・コペルニクス」「テルリウム・ヨハネス・ケプラー」）

いルードヴィッヒ・エクスリン博士です。博士はユリス・ナルダン社から、「天文三部作」と呼ばれる天文時計のシリーズを発表して、業界では知らない者のない存在になっています。

天文三部作の第一弾「アストロラビウム・ガリレオ・ガリレイ」は、一九八五年に発表されました。この腕時計は一四万四〇〇〇年間を機械的にプログラミングしており、季節の移り変わり、月相、十二宮、日食と月食、天空を再現します。この時計は『ギネスブック』の巻頭ページを飾りました。次いで一九八八年には第二作「プラネタリウム・コペルニクス」、一九九一年には文字盤上に北半球が描かれ、夏至《げし》と冬至《とうじ》、月相、日食と月食を読み取ることができる「テルリウム・ヨハネス・ケプラー」が発表されています。

こうした天文時計への挑戦は、人間の英知の素晴らしさを感じさせる一方で、また腕時計の持つ意味を再認識させてくれます。というのも、腕時計はそれが極めてシンプルなものから天文時計に至るまで、人間が発明した機械である半面、「自然を測る」試みであるということです。天文時計のチャレンジは、人間の能力の限界を試す一方で、それが高みに上がればば上がるほど宇宙＝自然と一致していくわけです。

我々が科学と呼んでいるものは、つまりは自然科学なのです。自然の営みの仕組みを解明していく学問であるということです。腕時計という小さな空間に再現されるのは宇宙の似姿であり、そこには、限りない宇宙＝自然への畏敬の念を思い出させるものがあるような気がしますが、いかがでしょうか。

Ⅳ　性能で考える

この章では、腕時計の「性能」について考えます。

腕時計は、地球上の平均太陽時を計測する機械であることは前の章でご理解いただけたと思います。この章では、腕時計がそれをどれだけ正確に行なっているか、どれだけ誠実に時を刻む――まさに時を切り刻んでいるわけですが――ものであるのかを見ていきましょう。

クロノメーターという世界基準

機械式腕時計のカタログを見ていると、「クロノメーター」という表現を見つけることがしばしばあるはずです。この言葉は「時」を意味するクロノと、メーターの合成語で、いってみれば時計のすべてが当てはまりそうなものですが、腕時計の世界ではまったく違う意味で用いられています。もちろん「クロノグラフ」（85ページ）とは別物ですので、混同しないようにしてください。

クロノメーターというのは、ある一定の精度基準以上を満たした腕時計だけが名乗ることを許される称号です。さまざまな条件下においていかに正確に時を刻むかという、時計の発明以来あらゆる技術者が追い求めてきたテーマを、具体的に、客観的に、そして過酷なまでに冷徹に評価した上で与えられるのがこの称号なのです。ポケットウォッチの時代から、この伝統は生きつづけています。

クロノメーターはかつて、天文台の中に設けた公式の検定所で試験するという方法で認定されていました。イギリスのキュー・テディントン、スイスのジュネーヴ、ヌーシャテルといった天文台が有名です。当初は、検査というより精度のコンクールに近いものでした。それが二〇世紀の初頭、一九〇四年には、クロノメーター規格はスイスで事実上の世界標準として定着したのです。

次いで一九二五年、本格的に普及しはじめた腕時計部門の最初のレギュレーションが成立しています。その定義は「異なる気温と姿勢のもとで、正確に動くように調整され、公式の計時証明を受けた高性能時計」であり、クロノメーターを名乗るための規定が成立しました。この規定は現在、国際規格のＩＳＯ３１５９（ヒゲゼンマイテンプを備えた時計のクロノメーター規格）となって固定化しています。現在、ＣＯＳＣ（CONTRÔL OFFICIEL SUISSE DES CHRONOMÈTRES＝スイス公式クロノメーター検査協会）という組織がル・ロックル、ビエンヌ、ジュネーヴというスイスの三都市に置かれ、その検査機関として機能しています。現在のクロノメーター腕時計が「ＣＯＳＣ認定クロノメーター」と名乗るのはそのためです。

ＣＯＳＣでは、クロノメーター認定を申請するすべてのムーヴメントを全量検査します。預けられたムーヴメントは定められたさまざまの姿勢（時計の向き）、温度に置かれ、その条件下での精度は検査機によって常時監視されます。その結果、基準を満たしているもの――たとえばケース内径二〇ミリ以上の場合ならば平均日差（五姿勢）マイナス四～プラス六秒、平均日較差（五姿勢）二秒、最大日較差五秒、水平・垂直の差マイナス六～八秒、最大姿勢偏差一〇秒、温度係数プラス・マイナス〇・六秒、復元差プラス・マイナス五秒――だけがクロノメーターとして認定され、証明書が発行されます。この検査には一五～一六日かかります。

証明書は、ムーヴメントの一個体に一枚ずつ発行されます。つまり、同じメーカーが持ち込んだ同種のムーヴメントでも、認定されるものとされないものがあるわけです。これは言い換えれば、公認クロノメーターとして売られている時計は、個体差を心配する必要がないということになります。一個一個に、証明書を添付して販売されることがふつうです。ちなみにＣＯＳＣのル・ロックルの所長の話では、「年間八〇万個以上のムーヴメントが検査を受け、落ちるのは一〇パーセントから二〇パーセント」ということでした。

クロノメーター規格に関しては、日本の時計メーカーもひとたびかかわりを持ったことが

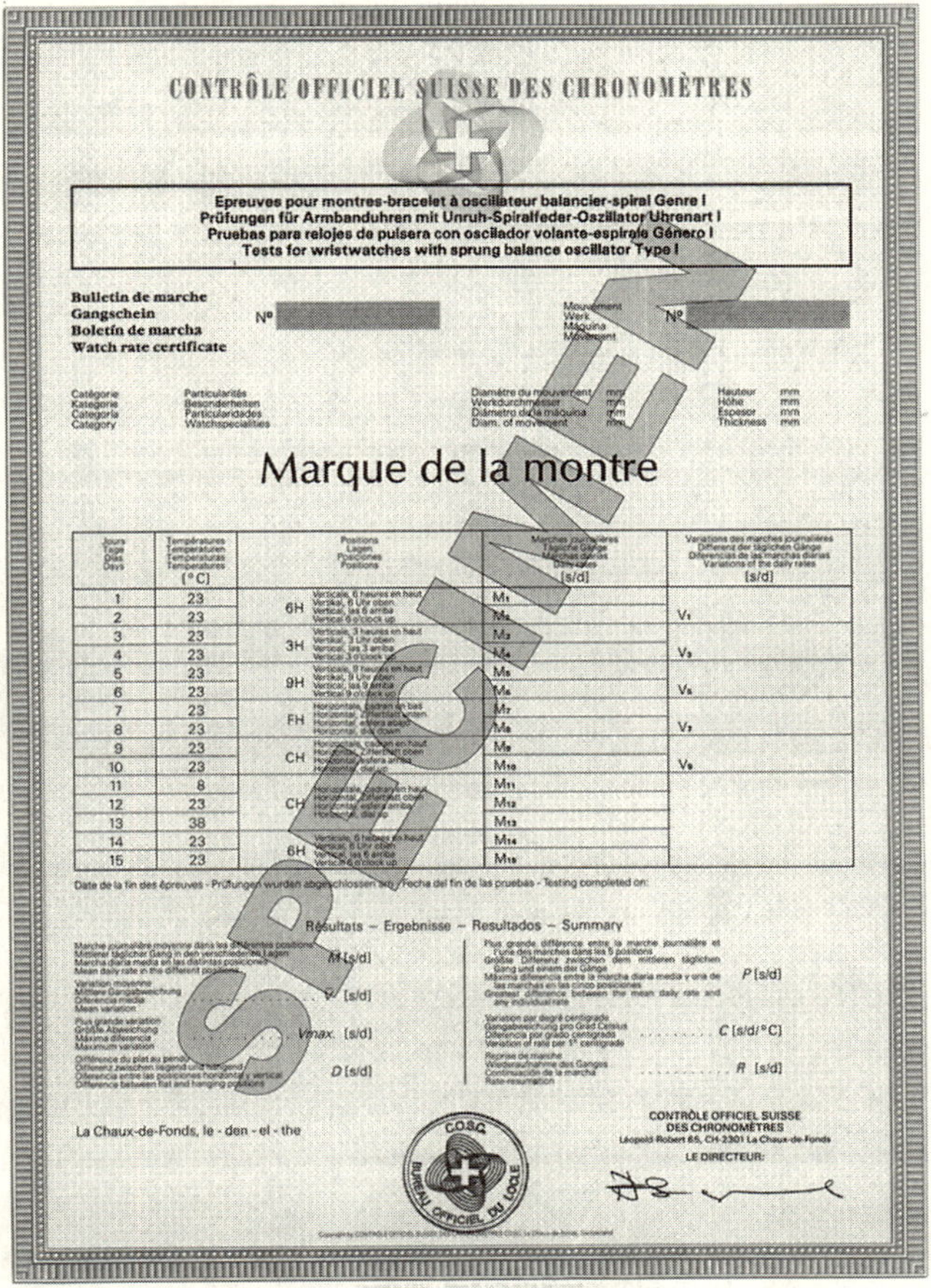

CONTRÔLE OFFICIEL SUISSE DES CHRONOMÈTRES

Epreuves pour montres-bracelet à oscillateur balancier-spiral Genre I
Prüfungen für Armbanduhren mit Unruh-Spiralfeder-Oszillator Uhrenart I
Pruebas para relojes de pulsera con oscilador volante-espirale Género I
Tests for wristwatches with sprung balance oscillator Type I

Bulletin de marche
Gangschein
Boletín de marcha
Watch rate certificate

Nº [redacted]

Mouvement / Werk / Máquina / Movement Nº [redacted]

Catégorie / Kategorie / Categoria / Category

Particularités / Besonderheiten / Particularidades / Watchspecialities

Diamètre du mouvement / Werkdurchmesser / Diámetro de la máquina / Diam. of movement mm

Hauteur / Höhe / Espesor / Thickness mm

Marque de la montre

Jours Tage Días Days	Températures Temperaturen Temperaturas Temperatures [°C]	Positions Lagen Posiciones Positions	Marches journalières Tägliche Gänge Marchas diarias Daily rates [s/d]	Variations des marches journalières Differenz der täglichen Gänge Diferencias de las marchas diarias Variations of the daily rates [s/d]
1	23	6H Verticale, 6 heures en haut / Vertikal, 6 Uhr oben / Vertical, las 6 arriba / Vertical 6 o'clock up	M_1	
2	23		M_2	V_1
3	23	3H Verticale, 3 heures en haut / Vertikal, 3 Uhr oben / Vertical, las 3 arriba / Vertical 3 o'clock up	M_3	
4	23		M_4	V_3
5	23	9H Verticale, 9 heures en haut / Vertikal, 9 Uhr oben / Vertical, las 9 arriba / Vertical 9 o'clock up	M_5	
6	23		M_6	V_5
7	23	FH Horizontale, cadran en bas / Horizontal, Zifferblatt unten / Horizontal, esfera abajo / Horizontal, dial down	M_7	
8	23		M_8	V_7
9	23	CH Horizontale, cadran en haut / Horizontal, Zifferblatt oben / Horizontal, esfera arriba / Horizontal, dial up	M_9	
10	23		M_{10}	V_9
11	8	CH Horizontale, cadran en haut / Horizontal, Zifferblatt oben / Horizontal, esfera arriba / Horizontal, dial up	M_{11}	
12	23		M_{12}	
13	38		M_{13}	
14	23	6H Verticale, 6 heures en haut / Vertikal, 6 Uhr oben / Vertical, las 6 arriba / Vertical 6 o'clock up	M_{14}	
15	23		M_{15}	

Date de la fin des épreuves - Prüfungen wurden abgeschlossen am / Fecha del fin de las pruebas - Testing completed on:

Résultats – Ergebnisse – Resultados – Summary

Marche journalière moyenne dans les différentes positions / Mittlerer täglicher Gang in den verschiedenen Lagen / Marcha diaria media en las distintas posiciones / Mean daily rate in the different positions ..... $\bar{M}$ [s/d]

Variation moyenne / Mittlere Gangabweichung / Diferencia media / Mean variation ..... $\bar{V}$ [s/d]

Plus grande variation / Größte Abweichung / Máxima diferencia / Maximum variation ..... Vmax. [s/d]

Différence du plat au pendu / Differenz zwischen liegend und hängend / Diferencia entre las posiciones horizontal y vertical / Difference between flat and hanging positions ..... D [s/d]

Plus grande différence entre la marche journalière et l'une des marches dans les 5 positions / Größte Differenz zwischen dem mittleren täglichen Gang und einem der Gänge / Máxima diferencia entre la marcha diaria media y una de las marchas en las cinco posiciones / Greatest difference between the mean daily rate and any individual rate ..... P [s/d]

Variation par degré centigrade / Gangabweichung pro Grad Celsius / Diferencia por grado centígrado / Variation of rate per 1° centigrade ..... C [s/d/°C]

Reprise de marche / Wiederaufnahme des Ganges / Continuación de la marcha / Rate-resumption ..... R [s/d]

La Chaux-de-Fonds, le - den - el - the

C.O.S.C. BUREAU OFFICIEL DU LOCLE

CONTRÔLE OFFICIEL SUISSE
DES CHRONOMÈTRES
Léopold Robert 65, CH-2301 La Chaux-de-Fonds
LE DIRECTEUR:

クロノメーター認定証（見本）

あります。決して幸運なかかわり方ではなかったのですが、腕時計の歴史を語る上では忘れられない事柄です。クォーツ誕生前の日本では、独自の基準による「クロノメーター並みの精度」への挑戦が続いていたのです。

一九六〇年、セイコーはクロノメーター規格を参考にした社内基準を作り、これにパスしたものだけを発売すると宣言した商品を販売しました。いまもアンティーク市場で高く評価される名品「グランドセイコー」の誕生です。GS規格と呼ばれるこの規格はクロノメーター規格よりも厳しい規格を適用した「グランドセイコースペシャル」の発売を経て、一九六九年にさらに高いレベルに変更されました。

シチズンはその名も「シチズン・クロノメーター」を一九六二年に発売しました。これも国際クロノメーター規格の優秀級に匹敵する基準を社内的に設け、合格したものだけが商品とされました。

国際クロノメーター規格を満たしたこれらの商品は、一部のスペシャルモデルを除き、第三者機関が認めた公認クロノメーターではありません。日本に国際クロノメーター管理委員会が発足したのは、一九六〇年代の後半になってのことです。しかし、このころにはすでに、シチズンはクロノメーターの生産を打ち切っていました。一方のセイコーでは一九六九年に発売され、短期間に世界を征服することになるクォーツの開発が着々と進んでいたのです。クォーツ・クライシスを乗り切ったいま、クロノメーターの検査量は年々増加しています。ちなみに、クォーツが世界を席巻したさなかの一九七六年には、現在の四分の一ほどだったそうです。機械式腕時計の復権の中で、「クロノメーター」の意味が再評価されていることのあらわれなのでしょう。最近ではブライトリングが、機械式腕時計の全製品のクロノメーター化を宣言するなど、意気さかんです。

クロノメーターとして認定されることは、その腕時計が高性能の高級腕時計であることを、客観的に、また公式に認められたことになります。ムーヴメントを自社生産するメーカーでは、技術力の確かな証になります。一方で、ムーヴメントを外部から調達するブランドにとっては、のどから手が出るほど欲しい品になるわけです。

ちなみに、検査の料金は「実費で一〇スイスフランぐらい」だそうです。日本円で一〇〇〇円にも満たない金額です。ＣＯＳＣの所長の言では、「クロノメーターの価格は検査料ではなく、製造の段階で決まるのです」ということでした。

時速三万六〇〇〇振動の魔力

腕時計の精度は一日単位での誤差で考えられることが多いのですが、これとは別の観点で腕時計の性能について語ることがあります。その代表例が「振動数」の問題で、特にクロノグラフのストップウォッチ機能を語る上では欠かせない視点です。これは、時をどれだけ細かく「切り刻む」か、という問題なのです。

機械式腕時計が時を切り刻む様は、バランスホイールの振れ方で見て取ることができます(シースルーバックの腕時計だと、簡単に見ることができます。時計店などで見せてもらうといいでしょう。もっとも安いシースルーバック——機械式のスウォッチなど——ならば二万円程度で購入できます)。バランスホイールは、時計が動いている限りずっと、左右方向への半回転(振れ)を繰り返しています。そして、この振れの速さが、ムーヴメントによって違うのです。

よくカタログでは、「二万一六〇〇振動」などといったスペック説明が書かれています。これはバランスホイールの一時間当たりの振動を表します。一時間は三六〇〇秒ですから、二万一六〇〇振動は、秒当たり六振動、つまり、一秒を六つに刻んでいるということになります。この場合、「6ビート」という言い方もします。

現在の腕時計では5ビート以上のムーヴメントが一般的です。ちなみに8ビート以上のものを「ハイビート」、未満を「ロービート」として分類することもあります。

現在の技術水準でいえば、5ビート（一万八〇〇〇振動）あれば、精度を出すのには十分に実用的なのです。ただし、クロノグラフの場合には、ちょっと別の目で見ることができます。すなわち、ストップウォッチ機能を使う場合には、ビート数は「どれだけ細かく計測ができるのか」という意味を持つからです。たとえば5ビートであれば1／5（〇・二）秒まで、8ビートなら1／8（〇・一二五秒）が、計測の最小単位ということになります。ふつうのクロノグラフ・ムーヴメントは、6ビートから8ビートのムーヴメントを使用しています。

ところが、現在たった一社だけが、10ビートのムーヴメントを生産しています。それがゼニス社の「エル・プリメロ」（91ページ写真）というクロノグラフ・ムーヴメントです。

ゼニスのエル・プリメロは毎時三万六〇〇〇振動＝10ビートを刻みます。つまり他に例を見ない、1／10秒が計測可能な機械式クロノグラフ・ムーヴメントであるわけです。この性能においては、自他ともに認める世界最高のクロノグラフ・ムーヴメントという評価を得ています。

ゼニスでは、自社のクロノグラフの商品名も「エル・プリメロ」です。腕時計の世界では、ムーヴメントの名前と商品名が一致しているというのはあまり見られないことで、ここからゼニスがこのムーヴメントをどれだけ誇りに思っているかが分かるでしょう。

そして、この性能は他社にとっても垂涎《すいぜん》の的です。ゼニスは過去にも現在も、限られた他ブランドにだけエル・プリメロの供給を行なっています。二〇〇一年からはスポーツ・ウォッチの有名ブランド、タグ・ホイヤーが、一部モデルにカスタマイズを施して搭載を開始しました。

タグ・ホイヤーでは、このエル・プリメロのムーヴメントは「キャリバー36」と呼ばれています。36サウザンド（三万六〇〇〇振動）にちなんだネーミングであることが一目瞭然です。ふつう、このように外部から調達したムーヴメントは、その出所を隠したがることも多いのですが、唯一の10ビート・ムーヴメントは、隠しようもないことでしょう。この供給関係が成立したのは、業界再編によって、ゼニスとタグ・ホイヤーが同一資本グループの盟友になったことに由来しています。タグ・ホイヤーとしては奇貨を得たわけですね。

計時性能もさることながら、三万六〇〇〇振動の魅力は、肉眼で見ても伝わってきます。表から見ると、ロービート・ムーヴメントでは、チチチチチという細かい秒針の歩みが見られますが、エル・プリメロのクロノグラフ針は、まるで滑っているように見えます。また、ゼニス社ではエル・プリメロのスタンダード仕様をシースルーバックにしました。自社最大の財産の見せ場を心得たわけです。といっても秒当たり一〇回、三万六〇〇〇振動は、よほどの動態視力の持ち主でもない限り、見る者を幻惑します。

ビート数は多ければ多いほどいいのか

ところで、腕時計のビート数は、多ければ多いほどいいのでしょうか。これにはさまざまな意見があり、一概には決められません。というのもハイビート・ムーヴメントは速く動いているわけで、それだけ機械に負担がかかるという意見もあるからです。

たとえば代表的なクロノグラフであるオメガの「スピードマスター」(43ページ写真)は6ビート(二万一六〇〇振動)とロービートをとっています。一九六八年のモデルチェンジ以前は5ビート(一万八〇〇〇振動)でした。定評あるクロノグラフが採っているこのスペックは、安定性と精度、計時性能のバランスを示しています。また、ロレックスの「デイトナ」(87ページ写真)は、過去に「エル・プリメロ」をベースとしたムーヴメントを搭載していたことがあるのですが、ロレックス独自に振動数を下げた仕様にしました。

華やかなハイビートをとるか、安定したロービートをとるか、これは腕時計を持つ方の使用条件にもよりますし、なによりそれぞれの価値観の問題だと思います。なお、ゼニス社ではエル・プリメロを数十年にわたって作りつづけており、耐久性・安定性に自信を持っていることは言うまでもありません。

ロービートにはロービートのよさがある、という意見も納得のいくものです。機械への負担が少ないことは事実ですし、クロノグラフでないのであればなおさら、秒単位以下の計時性能を気にする必要はないでしょう。

ロービート派の名品では、ミネルバ社の「キャリバー48」をもう一度見ていただきたいと思います（55ページ写真）。5ビート、一万八〇〇〇振動のムーヴメントは、一九四六年から作られている超ロングセラーです。このムーヴメントは、裏蓋を開けてでも見る価値があります。チラねじ付きのバランスホイールがゆったりと振動する様は、悠久の時を感じさせてくれます。スワンネックのオプション付きのモデルであればなおのこと、目にこころよく映ります。

こうしたロービート派のミネルバは、実はスイスで最後まで機械式ストップウォッチ（腕時計ではなく純粋の）の生産を続けたメーカーでもあります。そしてこちらではハイビート・ムーヴメントをとっていたのです。ハイビート対ロービートの迷いを超えた、これも大人の分別ということなのでしょう。

一秒で一回転する針を持つ腕時計

クロノグラフのごく一部の中に、一秒間で一回転する針を持つものがあります。クロノ針を補うことで、秒以下の読み取りが非常に容易になります。

これは「複雑時計」の項で名前が挙がった「フードロワイヤント」というものです。インディペンデント・ジャンピング・セコンズというような言い方もありますが、「電撃的」という意味のあるフードロワイヤントのほうが、しっくりする気がします。

現在このフードロワイヤントを製品として出しているのは、ジラール・ペルゴなど本当にごくわずかです。そのせいか、注目も少ないように思えるのが残念です。しかし、フードロワイヤントは複雑時計の貴重な財産です。

たとえばジラール・ペルゴ社のフードロワイヤントは、8ビートのムーヴメントを搭載しており、1／8秒（〇・一二五秒）単位の表示が独立したスモールダイヤルで行なわれます。一秒間に八回の非常に細かいステップを踏みながら一回転する針の動きは圧巻で、その性能もさることながら、見ていて飽きないものがあります。

フードロワイヤントは、発掘され、復活した技術のようです。私の手許にある複雑時計について書かれた古典『LES MONTRES COMPLIQUEES』でも「一秒に四ないし五回の停止を行なう」という記述になっています。すなわち、4ビートから5ビートというロービートしか想定していないのです。現代に8ビートで再現されたこの技術は、もっと注目されてもいいような気がします。

潜水艦乗りの人気ブランド

パイロットのための腕時計はさまざまなメーカーから出ていますが、潜水艦乗りのための腕時計というのはあまり見かけたことがありません。防水性能の高いダイバーズ・ウォッチなどで兼用しているのかと思うと、実はそうではないようです。実は潜水艦乗りの腕時計に求められるのは、防水性能よりは対磁性能なのです。実は潜水艦はその運航の仕組み上、非常に強い磁力を発生させています。潜水艦が水圧に耐えられるのは、実は磁力の原理の応用によるものです。

腕時計にとって磁力が大敵なのは常識です。機械式腕時計を磁石の近くや磁力を出す電気製品（テレビなど）の側に置かないように、という注意書きを見たことはないでしょうか。磁気を帯びた機械式腕時計が狂ってしまうからです。とはいえ、装置のある時計店ならば、消磁してもらうのは簡単ですが。

意外と知らないひとが多いのですが、クォーツにも磁力は大敵です。アナログ表示のクォーツ腕時計では、ステップモーターが強い磁気によって乱されると正常に作動しなくなるのです。

こうなると、潜水艦乗りの腕時計に求められるのは、並以上の耐磁性能ということになります。

腕時計の世界で耐磁性能に優れた品といえば、筆頭に挙がるのがＩＷＣの「インヂュニア」（現在は生産終了）でしょう。ＪＩＳ（日本工業規格）では「耐磁時計」の性能を最低直流磁界八〇〇Ａ（アンペア）／ｍ（メートル）に耐えられる「1種」、一万六〇〇〇Ａ／ｍの「2種」と定めていますが、インヂュニアはムーヴメントを軟鉄ケースで覆うことで、八万Ａ／ｍという耐磁性能を実現しています。過去に五〇万Ａ／ｍという驚くべきスペックの品を出したことすらあるのです。防水性能も一〇〇ｍ以上あるので、まさに潜水艦乗りの腕時計にふさわしいと言えるでしょう。

他に耐磁性能に優れた腕時計では同じくＩＷＣのパイロット・ウォッチ、オーデマ・ピゲ、Ｓｉｎｎなどが耐磁時計では定評があります。また、旧品ではロレックスの「ミルガウス」が有名です。

そういえば、潜水艦乗りの名作漫画「沈黙の艦隊」の中に、インヂュニアを発見して驚いたことがあります。潜水艦の艦長が時計を見るシーンで、腕時計がアップになっているのですが、それがほかならぬインヂュニアだったのです。よく考証しているものだなあと感心してしまいました。

ちなみに、こうした耐磁時計は、一部の医療関係者の愛用品でもあります。というのは最近多用される検査機器にＭＲＩ（磁気共鳴診断装置）というのがありますが、これが強力な磁場を用いて体内の情報を画像化する検査なので、潜水艦に負けず劣らず強力な磁気を発生するからです。また、最近ではパソコンに長時間接するプログラマーも、耐磁性能にこだわるひとが増えているようです。

余談ですが電動麻雀卓も、腕時計の大敵です。麻雀はまあ仕事ではありませんので、予防の手段もあるというものでしょうが。

IWC
SCHAFFHAUSEN
OFFICIALLY CERTIFIED
CHRONOMETER
AUTOMATIC
22
IWC「インヂュニア」

ROLEX
OYSTER-PERPETUAL
MILGAUSS
SUPERLATIVE CHRONOMETER
OFFICIALLY CERTIFIED
ロレックス「ミルガウス」

V　歴史で考える

この章では、腕時計の歴史について考えます。

腕時計の誕生は、決して偶然の産物ではありません。歴史の流れの中で、腕時計を生む必然は長い時間をかけて生まれていったのです。その歴史は、いま腕時計を選ぶことの意味と無関係ではありません。そうしたことを考えてみます。

ルネッサンスがなければ腕時計はなかった1——腕時計前史

腕時計の歴史は、時計の歴史の延長上に存在します。そして時計の歴史は、人間と「時間」との関係の歴史でもあります。

人間が初めて時計を生み出した起源は、古代にまでさかのぼります。紀元前三〇〇〇〜四〇〇〇年ごろにエジプトで日時計が生まれ、紀元前二〇〇〇年ごろには水時計の原形が誕生しました。こうした人間の「時間」把握の試みは早くから始まっていたものの、人間の営みに時間の概念が影響を及ぼすようになるのはもっと後のことです。古代においては、農業や漁業に関連する暦の研究が天文学と相まって発達しましたが、一日をさらに細かく刻むまでの必要は生じていなかったのでしょう。

しかし、天文学の発達による暦の発展は、文明とともに進歩していきます。紀元前四六年には一年を三六五・二五日と把握するユリウス暦が採用されました。次いで三二一年には、ローマ皇帝コンスタンティヌス一世が日曜日を休日（安息日）と制定します。こうして年と月、週の概念が、ヨーロッパで成立していきます。

この時代には、時間というものは、把握はされてもそれほどの意味は持たなかったのでしょう。この時代、必要とされるのは、あくまで共同体の中での時間に過ぎません。世界的に統一された時間を、誰もが共有する時代ではなかったわけです。

そのおおらかな時間の意味を変えていくのが、時計の誕生です。ヨーロッパで時計がひとびとの前に姿を現すのは一三〜一四世紀にかけてのころで、その時計はキリスト教会の塔に備え付けられた重錘時計（塔時計）の形をとっていました。

この「教会の時計」は大きな意味を持っています。ひとつにはひとびとを支配する教権の象徴です。時計を持つことができるのは、絶大な権力を持った教会以外にはあり得なかったということに加えて、教会がひとびとの「時間」を所有していたわけです。共同体のおおらかな時間は、教会の鐘が伝える「支配された時間」に取って代わられます。聖務の名のもとに進行する教会の時間に、ひとびとは服従し、合わせていったことになります。事実、中世のヨーロッパでは、ひとびとの生活は教会に従属するものでした。

これに変化が訪れるのがルネッサンス期です。教会の権威に対抗してヒューマニズムが勃興し、人間の自由意思が唱えられます。十字軍の失敗により教権が弱まる一方で、市民は自由に生活を愉しみはじめます。一方、この時代にゼンマイ動力の利用が始まり、やがて時計に応用されていくことになります。すなわち、教会に支配された時間と時計は、思想や社会背景と同様に物理的にも、ひとびとの手に渡る可能性が誕生したわけです。人間の尊厳という考え方が生まれたルネッサンス期は、同時に人間が時間を我が手に取り戻した時期だと考えていいでしょう。

またこの時期、「科学」が宗教の規制から解き放たれます。神への冒涜《ぼうとく》とされた新しい技術の開発が、コペルニクス、ケプラー、ガリレイらの先駆者の手によって、ルネッサンスを期に始まることになるのです。

初期の時計は一五～一六世紀に入り小型化の時代を迎えます。クロックからウォッチへの移行期です。次ぐ一七世紀は時計にとって飛躍の世紀です。まず一六五七年、ホイヘンスによって振り子の等時性の利用が行なわれました。次いで一六七一年にウィリアム・クレメントによるアンクル型脱進機の発明。一六七五年には再びホイヘンスにより、ヒゲゼンマイ付きのバランスホイールが開発されました。こうして、だんだんと今日の時計の形に近づいていきます。また一七世紀の時計には古代ギリシャ・ローマの建築に見られるような意匠が多く採用されました。これは、古代ギリシャ・ローマに理想をみたルネッサンスの思想の影響を受けていると考えていいでしょう。

一方、社会は変動していきます。一五～一七世紀前半の大航海時代を経て、一六～一八世紀への絶対主義下の重商主義へ移行する過程で、資本主義が勃興、市民階級は急速に成長します。王族、貴族だけでなく富裕な市民が時計を持つことは珍しくなくなってきました。もはや、時計による時間の支配の枠組みは崩れたのです。

ルネッサンスがなければ腕時計はなかった2――腕時計の獲得

一八世紀には、時計師たちが活躍します。いまもそのブランドが残るブレゲの祖、アブラアン・ルイ・ブレゲたちが、貴族、王族、ブルジョアジーの庇護を受け、時計の技術を急速に進歩させました。こうしてウォッチは普及していき、時間は個人のものとなっていきます。

この時期に面白いエピソードがあります。フランス革命によって成立した革命政府は、グレゴリウス暦を否定して一七九三年に共和暦を施行しました。その際、一日を一〇時間、一時間を一〇〇分、一分を一〇〇秒とした「新しい時間」も施行されたのです。共和暦はいまもフランスの生活の中に名残りを留めていますが、この共和「時間」のほうは、現存する当時の時計にその姿を留めているのみです。

時代は産業革命を迎えます。この時代には、時間そのものが統一されていく――時間が世界的に統一された時間になっていく――時期に当たります。整備された鉄道の駅には、時計台が置かれ、地方の時間を統一していくのです。

この時期はひとびとが途方もなく忙しくなり、時間そのものに支配される気がするようになった始まりです。『不思議の国のアリス』の白ウサギは懐中時計を眺めては忙しいと言い、マルクスは人間の疎外を唱えはじめます。このころ、日本でもグレゴリウス暦を採用（一八七三年）、西洋と同じ時間の枠組みに加わります。

そしてこのころ、ポケットウォッチは人間の腕に嵌められることになります。

腕時計の原形は、一九世紀はじめ女性がブレスレットに時計をつけたものとも、ボーア戦争で（一八九九年）イギリス人将校が懐中時計を革のベルトで手首に巻きつけて使用したのを機にとも伝えられます。ただしどのみち、人間が非常に忙しくなった時期に腕時計が誕生したのは偶然ではないでしょう。

しかしこれには、別の意味もあります。それは、ひとは何世紀もの長い時間をかけて、ついに自分の時計を手にした、ということです。腕時計はその誕生時期には、時間による支配を許すものであったかもしれませんし、その被抑圧感は、いまでも感じられます。

ところがいま、ひとは、むしろ腕時計によって、自分の時間を取り戻しているのではないかとも思えるのです。ミヒャエル・エンデの『モモ』は、寓意的な「時間泥棒」との闘いのストーリィですが、我々はいま、自分の腕時計でもって、自分の時間を自分で管理することができます。それは、世界的な時間の枠組みに一致させるデバイスではありますが、楽しい自分の時間を延長するものでもあるのです。

牧歌的な共同体の時間は取り戻せないにせよ、ルネッサンスを期に、ひとは時間を我が手に取り戻す長い試みを開始しました。そしていま、ひとはひとそれぞれの時間を、腕時計を通じて獲得しようとしているのではないでしょうか。時間に縛られるのがいやだという理由で腕時計をしないひとがいますが、腕時計好きは時計によって自分を縛ってはいません。むしろ、無自覚にせよ、腕時計を通じて自分の時間を解放しているのではないでしょうか。腕時計好きにクォーツ嫌いが多いのも、自分の意思に関係なく進む一元的時間への反発が心の奥底にあるのではないかと、私は密かに思っています。

カルヴィニストと腕時計の深い関係

腕時計の歴史には、もうひとつ重要な視点があります。ルネッサンスとほぼ同時期に始まった、宗教改革のうねりです。これは腕時計の誕生に、直接的に深い関係があります。

ルネッサンスは貴族や有産階級と結びついて広まりましたが、一方で一般市民や農民は、宗教改革を通じてカトリック教権に対立していきました。ヨーロッパの北側ではルターがその先頭に立ち、一方でスイス・ジュネーヴにはフランス生まれのカルヴァンが亡命し拠点を築きました。このカルヴァンに従ったカルヴァン主義者(カルヴィニスト)が、スイス時計産業の基礎を支えたひとたちです。

ユグノーとも呼ばれたカルヴァン派プロテスタント信者たちは、迫害された歴史を持っています。フランスにおけるユグノー戦争(一五六二~九八年)、そのさなかのサンバルテルミーの虐殺(一五七二年)といった悲劇を経て、一五九八年のナント勅令により、ようやく信教の自由を得ます。

ところで、カルヴァン主義は信仰だけでなく、人間の社会的活動にも及んでいます。職業召命説を採り、職業は神聖なものとして勤労の結果得た利益を肯定し、蓄財を奨励しました。この確信のもと、労働に励んだユグノーたちの得意とする技術のひとつが時計作りでした。

しかし、ナント勅令は一六八五年に廃止され、ふたたびユグノーの弾圧が始まります。優れた商工業者になっていたユグノーは、雪崩《なだれ》をうって亡命を開始しました。その行き先はカルヴァン派の拠点である、ジュネーヴを中心とするスイス一帯に広がったのです。彼らはジュネーヴの、そしてスイス時計産業の祖となりました。また、もともとジュネーヴの地場産業であるエナメル技術とも結びついて、国際的に競争力のある、美的で高性能の時計を生み出していきました。文字どおり、教権から時計を奪い取ったということでしょうか。

これが今日のスイス腕時計、ジュネーヴ腕時計の誕生のエピソードです。ルネッサンスと同様に、絶対的な権力への対抗心と、迫害された人間の尊厳の回復が、のちに腕時計を生んでいくことになったわけです。

クォーツ・クライシスからの復活

前にも少し触れましたが、クォーツ・クライシスと呼ばれる機械式腕時計冬の時期は、一九六九年に始まります。この年、セイコーが突然発売を開始した世界初のクォーツ腕時計「セイコー　クォーツ・アストロン」（59ページ写真）が、その端緒となりました。実際、クォーツの開発はスイスでも着々と進んではいたのですが、日本に先を越される形になったのです。これはスイス時計界にとっては手痛い失点となりました。

さらに、事態は思ったより早く進行します。日本製のクォーツは熱狂的に受け入れられ、世界の時計市場を席巻しました。そして、機械式時計の製作を中心に業界の枠組みができていたヨーロッパの時計産業、特にスイスは大打撃を受けることになったのです。機械式腕時計、機械式ムーヴメントの需要は激減し、ほとんどの時計関係の企業は規模の縮小を余儀なくされ、少なくない伝統あるメーカーがこの時期に歴史に幕を下ろしました。海外の資本に吸収される老舗も相次ぎました。前に述べたゼニス社のエル・プリメロは、まさにこの時期に開発されたムーヴメントです。その名品は、同社の経営権を一時握ったアメリカ資本の経営陣により生産を中止、設計図の廃棄が命じられました。

この過程で、技術者たちの多くは時計産業から去らざるを得なくなりました。スイスでは時計産業の従事者一五万人が、最悪の時期には三万人にまで落ち込んだのです。一九七六年、スイス時計産業の技術力と繁栄を象徴するCOSCでのクロノメーター検査数が最低にまで落ち込みます。

しかし、一部のメーカーは意地を通しました。クォーツにいやいやのように手を染めながらも、機械式腕時計の生産は続行されたのです。

おそらくこれは、世界の工業史の中でも稀なケースだと思います。ＣＤがアナログレコードに取って代わったように、圧倒的なアドバンテージを持つ新技術が、それまでの技術をほぼ完全に過去の遺物に追いやるというのが、歴史の繰り返した事実です。

こうならなかったのには、スイス独特の事情があるかもしれません。というのは、世界に知られたスイスの老舗ブランドの多くは、実は規模がとても小さいのです。従業員一〇〇人を超えるブランドは、それほど多くはありません。そしていまはまったく事情が違いますが、当時のブランドの多くが同族経営、というよりも、家族経営といった資本形態をとっていました。すなわち、規模を縮小してこの危機をやり過ごすという判断を、ひとりの経営者が下すことができたのです。こうしていくつかのブランドは規模を極小化して、時期がくるのを待ちました。それは、機械式時計の復活を信じなければ耐えられない判断であったにしても。

また一部のブランドは、合従連衡《がっしょうれんこう》して企業グループを結成しました。これも、資本が入り組んでいないファミリー・ビジネス同士だからこそできたことではないかと思います。こうして存続したブランドは、いつくるかも分からない機械式の復活を待ちつづけたのです。

機械式復権の理由はさまざまに語られてはいますが、実のところよく分かってはいません。ただしクォーツ・クライシスから一〇年を経て、機械式復活の予兆とも言えるフェノメナがあちこちで目立ちはじめたのは事実です。アンティークの世界では機械式腕時計の希少性に注目したオークションハウスが蠢動《しゅんどう》しはじめました。「過去にもまた未来も絶対に機械式時計しか作らない」名門ブランパンが再興され、スイス機械式腕時計へのオマージュを込めて命名されたクロノスイスが創業しました。ユリス・ナルダンの「アストロラビウム・ガリレオ・ガリレイ」が一九八八年の『ギネスブック』の表紙を飾り、機械式時計の新たな可能性が耳目を引くことになります。

そして機械式腕時計の世界は、長い一〇年から目覚めることになります。厳冬の時代を少なくないブランドが耐え抜き、世界中でシンクロニシティを起こしたメカニカル・ウォッチへの待望を、ノスタルジーに終わらせることはしなかったのです。

腕時計と哲学の聖地バーゼル

一年に一度、世界最大の時計見本市が開かれる、スイス・フランス・ドイツ三国国境付近にあるスイスの都市がバーゼルです。腕時計の歴史はここで終わり、ここからまた毎年始まると言ってもいいでしょう。

四月上旬のいっとき、スイスの首都はこの都市に移ってしまっているような錯覚すら覚えます。この期間に集中して世界中からひとびとが訪れる街は、ジュネーヴやチューリヒを凌ぐ賑わいを見せ、待ち焦がれた春をいっそう華やかな気分に染めていきます。観光立国スイスの別の一面——世界に君臨する「時計の王国」——の、期間限定の中心地。見本市期間中、ここは時計の魅力に抗えないひとびとの、巡礼すべき聖都になります。

腕時計の見本市と言えばもうひとつ、関係者だけのクローズドな集まりであるジュネーヴ・サロンがあります。定評ある老舗ブランドを中心とした、豪華で華麗なイベントです。これが腕時計の二大見本市と言われるものですが、一般客を受け入れるバーゼル・フェアは、誰もが参加できるイベントです。

この見本市を訪れることは、今も昔も世界中の時計ファンの憧れです。バーゼル経験は、百万言の蘊蓄《うんちく》よりも雄弁です。というより時計ファンにとって「バーゼルに行く」ということは、このフェアに行くことしか意味せず、しかも特別の意味を持っています。一年に一度だけ浮かび上がる時計の王都で催される祭典はマニアを陶然とさせ、無関心なひとをも時計好きに変える強烈なイニシエーションです。

わずか八日間の会期中、全世界の時計関係者、マスコミ、そして熱烈なファンがバーゼルを目指して集まります。世界中のどこにもない時計の街に変貌したバーゼルはこのとき、単なる都市以上の存在になっていると言ってもいいでしょう。

慣例的にバーゼル・フェアと日本では呼ばれていますが、たとえば二〇〇三年ならば正式名称は「BASEL 2003」。大文字の都市名と開催年だけが命名されるバーゼルの看板イベントが、この時計と宝飾の見本市です。

見本市会場（メッセ）の規模はひとを圧倒します。五つの建物、一七のフロアにまたがる展示エリアは約九万五〇〇〇平方メートル。参加するのは純然たる時計メーカーだけで、世界の二四九九社が四八九九ブランドを出展します（二〇〇二年）。

会場の目抜き通りともいえる一号館の一階フロアには、ロレックスやオメガなどお馴染みのブランドをはじめ、六十数メーカーが出展。日本では販売されていないメーカーも珍しくありません。そしてそのほとんどが、まだ誰も見たことがないまっさらの新作を、惜しげもなく披露します。バーゼルはその年の豊作を祝う春先の収穫祭、その祝祭空間でもあるわけです。

バーゼルの見本市の大きな特徴は、公開の仕方のあけっぴろげなところでしょう。本来は世界のバイヤー向けの商談やプレスへの情報提供が主目的ですが、同じ商品を一般の入場者にも隠さずウインドウに飾ります。入場者は誰でもがマスコミの報道より早く、またマスコ

バーゼルの見本市会場

見本市の内部

ミによって選別された限定的なニュースではなく、実物を自分の目で確かめることができるわけです。バーゼルの伝統であるこの民主的な情報公開の原則のもとで、メーカーは公平に競い合います。老舗と肩を並べて新興のメーカーが自慢の新作を世に問い、チャンスを掴むことができるわけです。

バーゼルに行けば、すべてが見せられ、見ることができます。バーゼルの会場内にいる時間は、世界のすべての時計ジャーナリズムと肩を並べ、またすべての時計ファンに先んじる満足の時なのです。口惜しいのはすべてを見るためには、絶望的に時間が足りないことです。

九九年からバーゼル・フェアのジェネラルマネージャーを務めるルネ・カム氏に言わせると、「フェアはともかく、バーゼルの街自体もとても魅力的で、ファンタスティックだから」となります。氏はバーゼル生まれなのですが、あながち身びいきだけでもないでしょう。バーゼルは、日本ではほとんど時計の街としてしか知られていないのですが、実は非常に見どころの多い観光都市でもあります。しかも見本市が開催される四月上旬は、バーゼルの観光シーズンの幕開けに当たっています。ライン川に貫かれたこの美しい街を春風がそよぎ、あちらこちらで桜の花がほころびはじめる。歩き回るのにはうってつけの季節です。

しかもこの街は、一九世紀哲学の最大の成果を育んだ揺りかごでもあります。一八六九年、二五歳の若さでバーゼル大学教授に就任したのは、ほかならぬフリードリッヒ・W・ニーチエです。また、現代社会に強烈なメッセージを送った「意味なし機械」の芸術家、タンゲリーの街でもあり、彼の作品を展示する美術館も存在します。ノーベル賞を受賞した利根川進博士も、この街で研究を行なっていた時期があります。ヨーロッパ有数の三六もの美術館の存在と合わせて、非常に知的なオーラを放っているというのが私の印象です。永世中立国にあって、第二次世界大戦時には爆撃を受けたという奇異な体験もこの街の記憶です。スイスにありながら、ドイツ・フランスと国境を接する街。時計の街バーゼルは、実は多彩な顔を持っています。

もし、日程の都合がつくのなら、ぜひ一本の腕時計を選び終えてしまう前に、バーゼルフエアに来てみるといいでしょう。腕時計の現在――進行する歴史――に立ち会える旅になります。

最寄りのバーゼル／バール空港（ユーロエアポート）から、会期中はメッセ直通のバスが一時間に二本あります。また、チューリヒやパリ、フランクフルトなどから鉄道でバーゼル入りするのも、時間はかかりますが楽しい旅になるでしょう。スイス国鉄だけでなく、フランス国鉄、ドイツ国鉄も国境を越えてバーゼルに乗り入れています。ただし、会期中は市内のホテルが非常に込み合うので早めの予約が必要です。

アンティーク時計の名品

アンティークの世界で、高く評価を受けているのがスイス時計の過去の名品です。それも、腕時計なら一〇〇年近くの古さのもの、ポケットウォッチならば二〇〇年以上前のものでも、立派に実用に堪える状態のものが出回っているのは賞賛に値します。実用骨董、という言葉は、これらの品に与えられてしかるべきでしょう。

こうしたことが可能なのも、スイスの時計の歴史の奥深さと言えるかもしれません。スイス時計はどれだけの年数を経ても、たいていの場合、修理が可能です。というより、機械式時計はその根本がここ三世紀ほどは変わっていないのです。これを進歩がないと見るのは短絡的でしょう。スイス時計においては、過去の資産の不断の読み直しがいまも続けられ、肯定的な見直しや、意味の再生産が続けられているのです。

新作の時計でも同じことが言えるでしょう。画期的な新作が登場する半面、過去の名品がひょこっとリバイバルされたり、レプリカントが登場したりします。おそらくはスイス時計には、通時的な価値観の体系が存在するのです。つまり、アンティークと新作は等しい価値を持っています。俗っぽいことを言えば、アンティークで手に入れた時計のレプリカント・モデルが、明日発表されても文句が言えない世界でもあるわけです。

そうした中で、アンティークとして価値の高いのは、もはや決して復活してくることがないモデルということになるでしょうか。値上がりの保証などはできませんが、歴史的な価値があるモデルというものは存在しうるだろうと思います。

たとえば、もはや値が釣り上がってしまいましたが、オイスターケースが登場する以前のロレックスや、シーマスター発売前のオメガなど。また、デザインコンセプトが現在とまったく違うモバードやボーム＆メルシエなどは、オークショナーも目をつけているようです。また、ポケットウォッチは実にいい品が、いまは豊富に出回っています。ブレゲにはなかなか手が出ないでしょうが、オートマトン（自動人形）仕掛けのものなどは、比較的手が出る価格でオークションには登場します。

オークションは日本でも行なわれていますし、インターネットでも入札可能なものが増えています。また、バーゼルに行くようなことがあれば、その帰りの足でジュネーヴに回ると、ジュネーヴ・サロンに訪れた目の肥えた時計関係者が大挙してやってくる「アンティコルム」のオークション時期に当たるでしょう。

Ⅵ　素材で考える

この章では、腕時計の素材について考えてみましょう。

腕時計はその大部分が金属で作られていますが、そのマテリアルは結構多彩です。そしてその選択には、強度・加工性といった作り手側の論理と、触覚や視覚といった使い手側の理屈が交錯します。また、腕時計は工業製品には珍しく、有機物である皮革が重要な部分であったりもするわけです。自分にとっての最適素材を選び出すために、これらの問題を考えてみましょう。

さまざまな一八金

金は腕時計の伝統的なマテリアルです。現世的な価値もさることながら、錆びず、長く輝きを保つ性質が、長い付き合いとなるウォッチの素材としては好まれたのでしょう。また金は加工しやすく、合金も容易という、とても扱いやすい金属でもあります。

腕時計のケースやブレスレットは、ほとんどが一八金です。カタログなどでは18Kと表示されることが多いようですね。これは、アクセサリーなどと同様です。では「K」とは何か。これはカラットのことです。カラットというと宝石の単位と混同しがちですが、もともと語源は同じです。英語ではcaratと、米語ではkaratと書き、ダイヤモンドや他の宝石ではct

と略記します。宝石の一カラットはメートル法の二〇〇ミリグラムです。

金のカラットのほうはKまたはktと表示します。そしてこちらは質量の単位ではなく、二四分比で示した金の含有比率を示しています。ちょっとややこしいのですが、これはジュエリーや腕時計で用いられるゴールドの合金の、昔からの決まり事です。同じ貴金属でも、銀やプラチナは一〇〇〇分率で表示します。金も、地金や金貨の場合は一〇〇〇分率なのですから、腕時計やジュエリーの世界は特殊な単位を用いていると言ってもいいかもしれません。

さて、二四分比ですから、純金は二四金ということになります。そして一八金は18／24、すなわち七五パーセントの純金を含む「ゴールド」ということになります。残りの二五パーセントは、他の金属を割金（合金）して作る素材が、18Kということになります。

なぜ二五パーセントの混ぜ物をするかというと、金は純金のままでは柔らかすぎて、加工はしやすいものの、腕時計の耐久性には不十分だからです。そこで他の金属を混ぜて、強度や硬度を高めるのです。金の合有割合によって、14K、9Kなどいろいろな合金が作れますが、腕時計やジュエリーの世界では、美しい色や光沢が出やすい18Kがスタンダードになっています。

さて、話を進めましょう。いままでの話でもお分かりでしょうが、18Kはひと種類ではありません。残りの二五パーセントに何を混ぜるかによって、さまざまな18Kを作ることができるわけです。腕時計の世界ではこれらを、色の見かけで大別して三つに分類しています。イエローゴールド、ホワイトゴールド、ピンクゴールド（またはローズゴールド、レッドゴールド）がその三つです。カタログなどではイエローゴールドはYG、ホワイトゴールドはWG、ピンクゴールドはPG、ローズゴールド、レッドゴールドはRGと、英語の頭文字で略記されることもあります。

読んで字のごとく、それぞれ同じ一八金でありながら黄色、白色、ピンク色（ばら色、赤色）と見た目の色が違います。これらの違いは、割金に使う素材のバランスによって出てきます。

イエローゴールドは銀、銅で割金するのがふつうです。銀は白みと青みを加え、銅は赤みを出すのですが、そのバランスで色が決まります。

ホワイトゴールドはふつう、パラジウムを混ぜて白色に仕上げます。以前はニッケルを使ったものが多かったのですが、細工のしやすさからパラジウム系が主流になりました。

ピンクゴールド（ローズゴールド、レッドゴールド）は銀、銅、亜鉛などを加えます。ピンクゴールドは時計メーカーによってはブランド特有の呼び方をされています。これは別にブランドの意地というわけではなくて、実際にその色に近いからなのでしょう。

いまそれぞれの割金に使われる金属を挙げましたが、その割合は完全に決められたものではありません。むしろ、割合を変えて好ましい色を出すことに、各ブランドとも結構努力をしています。

特にピンクゴールドに関しては、赤みの具合でまったく別の風合いが生じるので、実はブランドごとの腕の見せどころでもあるわけなのです。そのために地金を購入して、自前で合金を行なうことも珍しくありません。ショパールなどもそうしたブランドですが、同社で「ローズゴールド」というその仕上がりは、非常に華やかなバラ色です。またひと口にイエローゴールドといっても、レモン色に近い軽やかなものから、山吹色のような濃厚な黄色までさまざまです。

したがって、同じYGやPGでも、ブランドが変われば色味が結構違うことはあるのです。記号に頼らず、じかに自分の目で確かめるに越したことはありません。見なれてくると、ブランドごとの特徴が分かってきます。

ステンレス進化論

腕時計の世界では、当初ステンレスは実用品の素材であり、高級腕時計にふさわしいものとしては考えられていませんでした。この分野に初めて挑んだのはボーム&メルシエだと言われていますが、いまではステンレス製の高級腕時計はまったく珍しくありません。最後までゴールドとプラチナの腕時計しか作らなかったピアジェも、ついにステンレス製の「アップストリーム」を発売しました。

高級腕時計にはふさわしくないと考えられていた背景には、ステンレスが安価な工業用マテリアルと思われていたことがあります。またステンレスは一九一〇年代に発明された歴史の浅い新素材であり、かつてのステンレスは、かならずしも腕時計向きに、繊細に加工しやすい素材ではなかったという事情もあります。しかし、いまは違います。

実は、マテリアルの分野においては、ステンレスは進化しつづけているのです。ステンレス・スチールと言われていることからも分かるように、ステンレスは鉄を主成分とする合金です。そして進化というのは、この種類が増えつづけているということです。実はステンレスと呼ばれているものは、JISの規格でも七十数種類、海外の規格を加えれば二〇〇を超えるさまざまなステンレスが存在しています。この中から、腕時計業界にふさわしいステンレスが選び出されてきた、というのが現状です。

ステンレスは基本的には、約一一パーセント以上のクロムを含む鋼の総称です。さらに性質向上のために、ニッケルやモリブデンなどが添加されます。ステンレスは表面に「不動態皮膜」と言われる保護性の強い皮膜が、自然に形成されています。この皮膜が錆びないステンレスの秘密です。というのもこの皮膜は鉄とクロムを含む酸化物（水酸化物）であり、たとえ剥がれたとしても、酸素・水蒸気、水などに触れると直ちに修復されるのです。つまりステンレスは、自ら錆びない性質を復元しつづけるスチールということになります。

ただし、種類によっては錆びることもあるのです。たとえばステンレスの弱点は塩化物に弱いことで、人間の汗や海水によって錆びることはあり得ます。だから自動巻きのローター用ならいざ知らず、ケース部分に使うのは不適です。そのために腕時計業界が選んでいるステンレスは、比較的伸びがよく加工しやすいオーステナイト系のステンレスの中でも、ある程度のモリブデンを含む耐食性が向上したものが選ばれています。また、腕時計のステンレスはぴかぴかにポリッシュしたり、サテン加工やヘアラインを施したりするので、その面での特性にも注意が必要になります。

実際はスチールの種類にまでこだわって腕時計を選ぶひとはほとんどいないでしょうが、

作り手のほうはそうではないようです。ふつうはトン単位で取引されるステンレスの世界で、「極上のもの」を選び、「少量」を入手するのはそれなりにたいへんなのでしょう。最近では、使用しているスチールの種類をアピールするブランドが、わずかながら出てきました。

オフィチーネ・パネライの「ルミノール マリーナ」には、ケース、ブレスレットとも「ＡＩＳＩ316Ｌ」というステンレスが使われています。ＡＩＳＩはアメリカの基準ですが、日本のＪＩＳ規格のＳＵＳ316Ｌと同規格です。含まれる成分は、クロム約一八パーセント、ニッケル約一二パーセント、モリブデン約二・五パーセントというところでしょうか。ゴールドほどの多様さはないでしょうが、入手先の鋼メーカーによっては、何か差があるかもしれません。ベル・ロス社も、同じく「ＡＩＳＩ316Ｌ」を採用しています。

なお、ステンレス製の腕時計はなぜ「スチール」なのに磁石にくっつかないのか、という質問をされる方がいますが、これはオーステナイト系の結晶構造によるものです。実際には、磁石にくっつくステンレスもあります。

プラチナは腕時計向きの素材か

金よりも高価な素材であるプラチナ製の腕時計を、最近では見かけることが多くなりまし

オフィチーネ・パネライ「ルミノール　マリーナ」

ベル・ロス「フュージョン」

ピアジェ「アップストリーム」

た。たしかにプラチナは、金よりも優れた耐熱性をはじめ、耐食性、加工性にも富んだ素材です。ただし、プラチナの使用は、やはりその希少性からくる価値と、そこから発する富や力のメタファーに起因するものなのでしょう。

プラチナは高密度で、非常に重い金属です。指輪ならいざ知らず、プラチナを腕時計のケースにするとその重みが問題になるはずなのですが、ピアジェや最近ではフランク・ミュラーなど、プラチナ使いを得意とするブランドでは、そうした不満を買い手から聞くことはないようです。これらのプラチナ腕時計のオーナーにしてみれば、その重さも快いのでしょう。その意味では、重厚感を出すにはもってこいの素材と言うことができます。また、この重みがあるからこそ他の白色金属、銀やホワイトゴールド、ステンレスとの差が出るのだという説もあるようです。なお、プラチナを白金と呼ぶことがありますが、ホワイトゴールドとはまったくの別ものです。

白色金属ケースの腕時計の中でも、たしかにプラチナの質感というか触感は、独特なものに感じることがあります。実際はプラチナだけでは、金と同じように軟らかすぎるので、銅、銀、ニッケルなどと合金することが多いのですが、やはり独特の風合いはプラチナならではです。

ヴィンセント・カラブレーゼ「エスプリ」

実際は、白色金属の腕時計は、仕上げにロジウムメッキをかけることが多いのですが、もし、同じ腕時計でそれぞれプラチナ、銀、ホワイトゴールド、ステンレスを使った種類のものがあったとしたら（そんなことは滅多にないでしょうが）、素材当てのクイズでもやってみたい気がします。他は間違う可能性はあっても、プラチナだけは正解率が高いのではないかと思います。

なお、「ヴィンセント・カラブレーゼ」を率いる時計師カラブレーゼは、プラチナを使ってムーヴメントを手作りする、おそらく世界でただひとりの天才時計師です。表裏クリスタルのケースに納めたそのムーヴメントは、みずから展示ケースに入ってしまった美術品のようで、なんとも繊細にして圧巻です。

本物のクロコダイルはどこにいる？

腕時計の革ストラップ、特にドレスウォッチになると、たいていの場合は「クロコダイル」、またはクロコ革がつけてあり、そう表示がされます。たしかに、きれいに加工されたワニ革には、なんとも言えない風格すらありますが、実はこれらの革はかならずしもクロコダイルではないことをご存じでしょうか。別に不当表示であるとか、合成皮革であるわけではないのですが、事実はそうなのです。ちょっと、そのお話をしましょう。

ワニは、昔から人気の高い皮革素材です。またその原産地である熱帯や亜熱帯では、たいていの場合は貴重なタンパク源でもあります。そのため、乱獲が進み、多くのワニが危機に瀕しました。結局ワニの多くは、ワシントン条約で流通が規制されることになったのです。これが、第一の事情です。

ところでワニは、学術的には三科九属二三種に分類される爬虫類です。クロコダイル科は四属一五種、アリゲーター科は四属七種、ガビアル科一属一種というのがその内訳です。このうち腕時計ストラップなど皮革製品として通常流通しているのは、「イリエワニ」「ニューギニアワニ」「ナイルワニ」「シャムワニ」「ミシシッピーワニ」「ケイマンワニ」の六種類が代表です。

さて、ここで問題です。このうち、どれが本当のクロコダイルでしょう?

厳密に言うと、イリエワニ、ニューギニアワニ、ナイルワニ、シャムワニが「クロコダイル」で、クロコダイル科に属しています。特にイリエワニからはスモールクロコなどと呼ばれる最高級のクロコダイル革がとれます。

一方、ミシシッピーワニは、実はクロコダイル科ではなく、アリゲーター科。主にアメリカ南部のルイジアナ州やフロリダ州などの沼や川に生息しています。つまりミシシッピーワニの革は、ワニ革ではありますが、クロコダイル革ではないのです。またケイマンワニもアリゲーター科ケイマン亜科に属し、やはりクロコダイルではありません。

ただし、一般の人に見分けがつくものではありませんし、なにより腕時計のストラップになってしまえばワニ革はワニ革です。そこで、大規模な養殖が行なわれており、上質の革がとれるアリゲーターも、クロコ革とすることがふつうになったのです。

実はケイマンワニの場合はさらにややこしく、こちらは通称「ケイマン・クロコダイル」と言われています。しかも学名も「C. crocodilus」。これならクロコダイルと名乗って不都合がなさそうです。

さらには、ふつうワニ一般のことをクロコダイルと呼ぶこともあって、厳密なことを言い過ぎるとかえって事態が混乱することが分かってきました。そこで、厳密な物言いをするのが常の時計業界にあって、例外ともいえる緩やかな用語法が許されているというのが現状です。とはいえ、アリゲーターの腹皮やアゴ下など、特に貴重な部分を使っている場合には、そのことをかえって強調する場合もあります。

もしこの件についてさらに突き詰めたいなら、面倒でなければ、伊豆・熱川温泉の「熱川

ピアジェ「アップストリーム」（クロコダイル革）

バセロン・コンスタンチン（アリゲーター革）

バナナワニ園」に行くことをお薦めします。ここに挙げたワニ以外でも、世界のワニのほとんどを見ることができます。ただし生きている状態のクロコダイルとアリゲーターの区別がつくかどうかは、腕時計ストラップ以上に、私にも自信がないのですが。

ロールズ・ロイスの余り革で作られる時計バンド

腕時計業界の一流ブランド、「カミーユ・フォルネ」の名前をご存じの方は、かなりの腕時計ファンと思っていいでしょう。このブランドは、業界関係者ならば知らないひとはいないでしょうが、腕時計メーカーではなく「腕時計の革ストラップ」専業のブランドです。

創業は一九四五年のパリ。以来、高級革ストラップ一筋に歩んでいます。素材と色のよさは格別で、ストラップそのものを販売する一方、高級腕時計ブランドに製品供給もしています。時計メーカーのほうでわざわざ、同社の革ストラップ装備であることを強調する場合すらあるのです。価格も他社のストラップの数倍はするのですが、なによりよい品質であることは誰の目にも明らかです。この会社の一番の売りは「コノリー」という商品ライン。皮革ブランドとして世界ナンバーワンの声も高い英国コノリー社のカーフ(仔牛)を使ったラインです。

コノリー社の名前は、自動車ファンの方のほうがよくご存じでしょう。一六世紀以来の歴

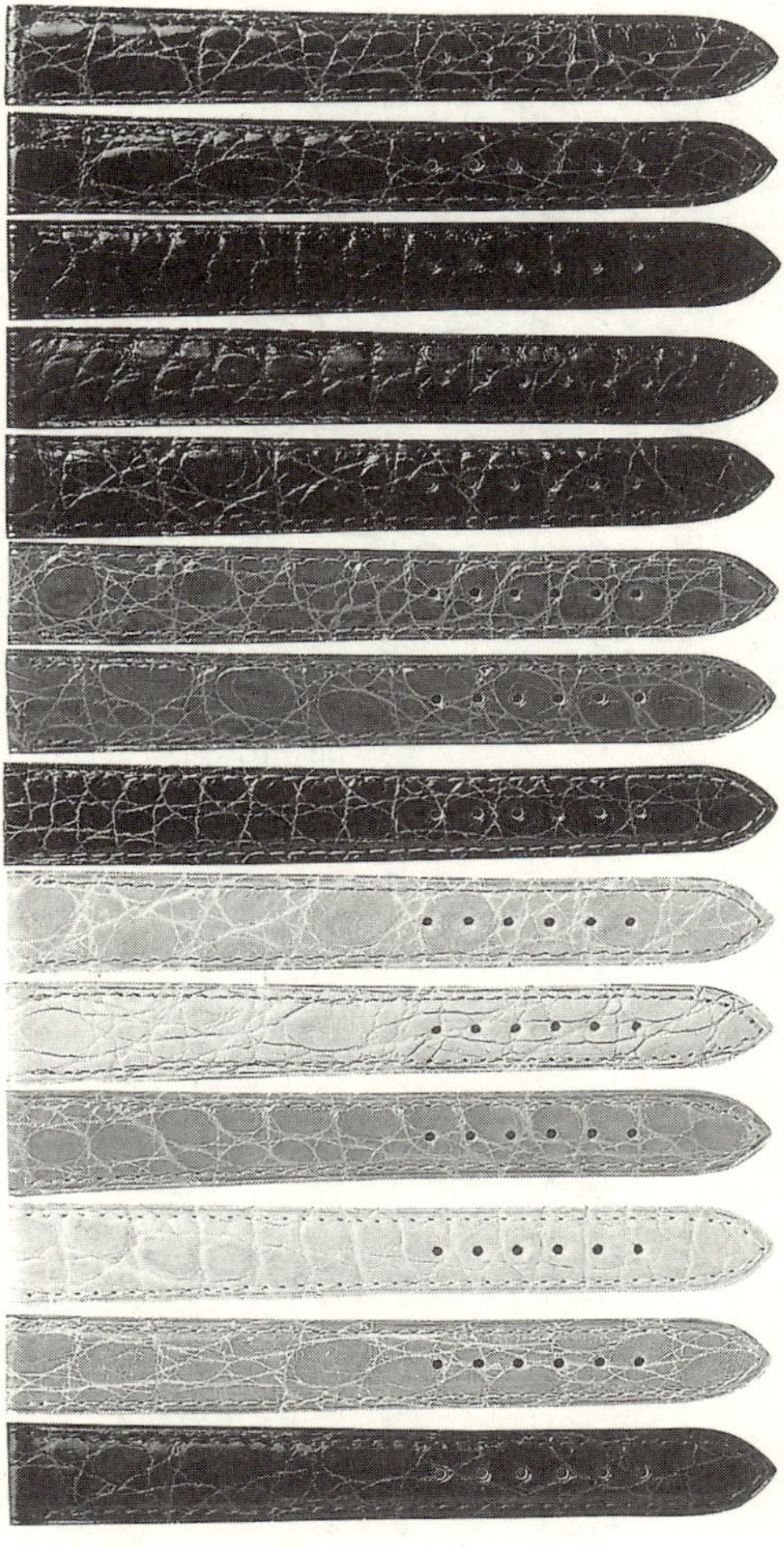

カミーユ・フォルネ「コノリー」シリーズ

史がある、馬車の時代からの王室御用達、革シートの名門です。自動車の革シートでは、ロールズ・ロイス、ベントレー、ジャガー／ディムラー、フェラーリ、マゼラティなどの内装に使われています。ジャガー／ディムラーのように上級バージョンだけがコノリー仕様の場合は、それが理由で買い手に選択されることもあります。また家具、バッグ、ドライビングシューズなどでも、「コノリーレザー」の威光は揺るがないでしょう。その腕時計ストラップ版が、カミーユ・フォルネによって商品化されているわけです。

腕時計ストラップは、コノリーレザー製品の中でももっとも小さな部類の商品に入ります。誰が言ったか、「ロールズ・ロイスの余り革で作られる時計バンド」。妙な誉め言葉ですが、これ以上の賞賛はないような気もします。ただし、考えようによってはストラップの革の続きがロールズ・ロイスやジャガー／ディムラーになっているかもしれない、という見方もできるわけです。コノリーレザーの腕時計ユーザーは街で高級欧州車を見かけたとき、そんなことを考えて愉しんでいるのかもしれません。

チタンとケブラー～新素材インプレッション～

腕時計の素材は、年々新しいものが出てきます。その中には単に奇を衒《てら》っただけとしか思えないもの（たとえば木製の腕時計など。実話です）もあるのですが、少なくとも今後も残っていくだろうチタンと、ケブラーについて触れておきます。

チタンは正確にはチタニウムという金属です。ステンレス並みに強い割にはアルミのように軽く（ステンレスの六〇パーセント程度）、しかも錆びないという特性があります。その丈夫さ、軽さから、大きなものではジェットエンジンから、小さなものではカメラ、ゴルフクラブといった製品にまで応用されているのは、ご存じの方も多いでしょう。腕時計でもチタンとステンレスのコンビのブレスレットなどは、非常に軽く感じます。

しかし、腕時計に限れば、チタニウムの長所はなんといってもアレルギーの起きない素材であるということ。チタニウムはそのアレルギー・フリーの性質から、歯医者さんで使う人工歯根の材料などにも使われています。

金属アレルギーは、金属との接触で起きるアレルギー性皮膚炎の一種です。汗の塩素イオンと金属の作用で、皮膚が拒絶反応を起こすわけです。この症状が一度出ると、免疫反応で再発しやすくなります。腕時計好きには非常に辛い病気です。

ところが、金属アレルギーはどの金属でも起きるというわけではありません。アレルギー体質のひとは、それぞれ特有の金属がアレルギー源なのです。もっとも多い原因はニッケルだと言われています。ニッケルの時計というのはありませんが、ニッケルはステンレスやゴールドの混ぜ物として使われることがあります。そのため、着ける時計の素材によってはアレルギーが出たり、出なかったりもするのです。

一方、アレルギーが出にくい金属というものも存在します。たとえばプラチナがそうです。また金は、純金であればほとんどアレルギーが出るひとはいません。ところが前述したように、一八金ではアレルギーのもとになる金属が含まれている可能性が高いのです。

一方、チタンは、それだけでも素材として使われます。アルミやヴァナジウムを混ぜた合金（6AL－4V）などでは弾性が増して成形しやすいのですが、多孔質で非常に硬い純チタンでも、現在の技術であれば成形可能です。そして、アレルギーを引き起こす可能性はほとんどないと言っていいでしょう。

というのもチタニウムは拒絶反応を起こしにくいのに加えて、生体との親和性が高いのです。整形外科医は骨の固定、歯科医が人工歯根に使うのはそのためです。

最近ではこうした特性を活かしたチタンの腕時計が目立つようになってきました。ブランドではオーデマ・ピゲ、オフィチーネ・パネライ、ボーム&メルシエといったところが製品を出しています。また、シチズンは早くからチタンに取り組んできており、商品ラインも充

ボーム＆メルシエ「ケープランドＳ」（チタン）

実していいます。なお、チタンは黄色い金属という印象があるかもしれませんが、本来の純チタンは淡いグレーの色調です。

ケブラーというのは、米国デュポン社が開発したパラ系アラミド繊維です。素材の名前ですが、商品名でもあります。腕時計ではストラップの素材として使われはじめています。というのもケブラーは、金属並みの強度を持っているからです。鋼鉄の五倍もの引っ張り強度がありながら、軽く、熱や摩擦にも強い夢の繊維です。この特性を活かして、ヨットの世界では、ダクロンに代わるセイル素材として採用されています。またアーチェリーのストリング（弦）では、ヤマハがいち早く商品化しました。他にはスピーカーのコーンや防弾チョッキなど、その用途が広がっています。

そして、腕時計の世界です。まだオーデマ・ピゲの「ロイヤルオーク」やコルム社などのメーカーで商品が出たことがある以外は、普及は本格的ではありませんが、金属ブレスレット並みの強度を持つストラップを作ることができるという点は注目できます。ケブラーとコットンの混紡などということも可能なので、新しいタイプの商品がこれから誕生してきそうな気がします。

Ⅶ　象徴とイメージで考える

この章では、腕時計の持つ象徴性とイメージについて考えてみましょう。腕時計は、ただの道具として割り切ることが難しい存在です。それぞれの腕時計がどのようなイメージを纏って私たちの前に姿を現し、それをつけることによってどのような意味が生じてくるのかを見ていきます。腕時計は、腕時計以上のもの、腕時計以外のものになりやすい存在なのです。

腕時計は腕時計以上のものになりたがる

腕時計は、それ自体では何も生み出さない機械です。時を作っているわけではなく、極端に言ってしまえば、ただぐるぐる回っているだけの機械なのです。バーゼルに博物館があるタンゲリーの芸術作品同様、それ自体が無目的に、無解釈に動くものです。それがなんらかの存在理由をもつのは、ひとつには人間との関係――人間の用に供されるとき――においてです。腕時計は人間に使われることによって、人間と時間を仲介し、そのひとそのものの時間を生み出し、彩っていきます。

そしてもうひとつ、腕時計が何かしらを表象する場合があります。腕時計は、持ち主の何かしらを表すはたらきが、たしかにあるのです。この場合、人間は腕時計を通じて、自分の生を獲得してそれを生きる、ということにつながるかもしれません。

つまり私たちは、自動車を運転するのと同様、時計を走らせてもいるわけです。愉しみのためにドライブする人間は、決して自動車に運搬されているわけではありません。むしろ目的のないドライブは、自分の感情や感覚を解放することでしょう。それと同じことが、腕時計についても言えます。そういう意味では腕時計は多分に、自己肯定的な生、言ってみればニーチェ的な力強い生を生きるための道具であるのではないかとも思えます。

そうした観点で、これからしばらくページを使って、腕時計が腕時計以上のものになっていく例を見ていきます。

腕時計と結婚指輪の同義性と異義性

腕時計は男性にとって、唯一のアクセサリーである場合が少なくありません。カフスボタンやネクタイピンをしていなければ、服を除いて身につけるものの中で、もっとも装飾性のあるものではないでしょうか。

そしてそのありかたは、もうひとつの「最後のアクセサリー」、結婚指輪のありかたと似ている点があります。装飾性がありながら、装飾的意味以外の意味を持つ、という点についてのことです。

結婚指輪は、本来装飾のためのものではありません。格好がいいから嵌めているということではないでしょう。それは社会的な約束であったり、位置を表明しています。男性の場合はなんのかんのと理由をつけて結婚指輪を置きっぱなしにしようとするひとも珍しくないようですが、まさにそれは結婚指輪の持つ呪縛性や、そこに込められている呪術性から逃げようとしているのでしょうね。

女性は結婚指輪を滅多なことでは外しませんが、ここにも結婚していることの積極的な表明というか、「愛されている自分」への自信が込められているとも解釈できそうです。結婚指輪は「交換」するものです。お互いに相手に渡し、身につけさせることによって、なんらかの効果を相手に及ぼし、また自分もその効果を受け取るという約束事の意味を持っているわけです。

一方、腕時計ではそういった意味は薄れます。たとえ愛する人間からもらったものでも、そういう感情はあっという間に半減し、腕時計は明らかに「そのひとのもの」になっていきます。クリスマスや誕生日に腕時計を贈るひとは多いのですが、相手との約束事を、時計に込めるのは無駄だと思ったほうがいいでしょう。これは心からのアドバイスです。

腕時計に花言葉のようなものがあるとしたら、「あなたの時間を支配したい」ということになるのでしょうが、なかなかそうはうまくいきません。腕時計はその持ち主に従属し、急速に持ち主に同化していきます。自分のことを思い出させるために時計を渡したとしても、腕時計はすぐ他の意味を持ちはじめます。腕時計は、持ち主との関係が力強くなりやすいものなのです。

結納返しに贈られるスピードマスター

そうは言っても、腕時計は相変わらずプレゼントの品としては人気があります。特に最近では、結納のお返しとして腕時計を選ぶということが増えてきたようです。まあこの場合は、呪縛のほうは指輪がやってくれますので、贈るほうも贈られるほうも楽しく時計選びができることでしょう。私もよく、この手の腕時計選びの相談を受けます。

結納のしきたりとして「一〇〇万円の半返し」とか「五〇万円お返しなし」などの相場があるようなことを言うひとがいますが、腕時計選びにそうした不純な制約はつけないほうがいいような気がします。腕時計選びの目が曇ってしまいますからね。しきたりとは別の、記念品のような形で贈るほうが、双方にとって気が楽でしょう。

この手の時計で人気なのは、なぜかオメガの「スピードマスター」のようです（43ページ写真）。不思議なのですが、私の周りでも、ひとに聞いた話でも、断然スピードマスターが多いようです。何か雑誌にそうした記事が掲載されたわけでもなく、ましてやしきたりブックにそう書いてあるわけでもない。なぜかシンクロニシティを起こしているこの現象はどう解明されるべきなのでしょうか。

ひとつの理由は、この時計が腕時計好きの登竜門のような存在であることと同一でしょう。男性に、プレゼントされたい腕時計を挙げてもらったら、それが現実的であることを理解している限り、かならずこの名前は上位に挙がるはずです。

そして、この時計がスポーティなクロノグラフであることも一因でしょう。ドレスウォッチであったら、これほどの人気にはならないに違いありません。男性にドレスウォッチを贈るというのは、スーツを贈るようなもので、よほどセンスに自信がない限り大冒険になります。一方、ネクタイやポロシャツであれば、選びやすく、受け取りやすいわけです。クロノグラフであることにはそうした意味があります。

また、この時計が希代のベストセラー時計であることです。なにしろ、第一号モデルの登場は一九五七年です。誰でも結婚が長続きすることを願うでしょうから、一時の流行モデルより、こうした時計は「縁起がいい」ということなのでしょう。

次の理由は、前の理由に重なります。おそらくいま結婚しようとするカップルの親、そしてまたその親の世代は、オメガという名前にとても好感触を持っています。結納も結納返しも家同士の問題ですから、こうした意見が結果を左右するはずです。親の世代にとってはオメガはスイス時計の名門、「いつかはオメガ」という意味づけがこのブランドにはあるのです（ウソだと思ったら身近な年輩者に、オメガとケントとオールド・パーについての昔話を聞いてみてください）。

さらには、オメガの良心的な価格設定が、この時計を一般的な「しきたり」の枠内に納めているということも挙げられます。高額な品ですが、そう恐縮するほどでもない、というところでしょう。「見栄は張らないが、形は整える」という日本人のバランス感覚にも、うまく合っていると思います。

かくしてクロノグラフの名品は、この日本で、オメガ社の人間が予想できなかっただろうさまざまな理由——意味とイメージの重なり合い——に需要を見いだしたことになります。自然発生したこの現象は、この本のコンセプトでもある、「帰納的な時計選び」の好例ではないかとも思います。

ペアウォッチは恥ずかしいか

ペアウォッチという言葉は、なんだかだんだん死語と化してきたような気がします。かつてはカップルで時計売り場にでも行こうものなら、「こちらの方とペアでいかがですか?」と言われるのが通例で冷や汗をかかされたものですが、もうそうした接客もマニュアルからは消えてきているのでしょう。

これには社会的な状況にくわえて、さらには時計業界に起因する事情もあるような気がします。かつてのように「同一デザイン・男性ものと女性もの」という腕時計の伝統的ラウンチスタイルが、崩れはじめているからです。現在このような品揃えをかたくなに守っているのは、伝統的な老舗ブランドに限られてきています。代わって登場したのが、「ラージ、ミディアム、スモール」の三サイズ設定です。これには、男女を問わず腕時計の大型化の傾向が背景にあります。また、男性用モデルがない女性用のフェミニンなデザインの腕時計は珍しくありませんし、逆に女性用モデルを設定せずに、男らしさを売り物にするブランドもあります。これらは、女性の購買力が向上したことと、ブランドのイメージ戦略がバックグラウンドにあるのでしょう。

こうなると、ペアウォッチというのはますます成立しにくくなります。ペアウォッチはジエンダーを前提とした、サイズ差のある同一デザインの腕時計が本来の姿だからです。
しかし視点を変えれば、新しいタイプのペアウォッチの可能性が出てきたことにもなります。つまり「セイム・ウォッチ」とでも言えばいいのか、まったく同じ腕時計のペアを、ミディアムサイズで揃えることはありうるわけです。最近では明らかに男ものの部類に入る腕時計をつけている女性を多く見かけますが、そうしたブームの根はすでにあるように思えます。

また一方で、同じブランドだけれども違うモデルをしているカップルにはよく出会いますし、話もよく耳にします。ラインが豊富なカルティエなどでは、偶然にそういう選択がされることもあるでしょうし、センスが似ているからこそカップルということもあるのでしょう。「意味上のペアウォッチ」とでも呼ぶべき現象でしょうか。

どのようなペアウォッチの形態であっても、二人が揃わないとペアとは分からないところが、面白いのではないかと思います。ましてや「意味上のペアウォッチ」であればなおさらでしょう。ここが、婚約指輪や結婚指輪と違うところですね。ペアウォッチには「二人の秘密」という意味が込められます。露見するとちょっと恥ずかしい、というスリルが魅力なのかもしれません。

スイス時計の修理に「良品交換」はあり得ない

この本の中でも、いちいち明示はしませんでしたが、スイス時計を例に挙げることが多いのにお気づきになった方が多いでしょう。腕時計のことを考えると、どうしてもそうなってしまいがちです。腕時計の歴史がスイス時計の歴史と大方重なっていることもあるのですが、世界中の時計ファンにとっても、時計と言えばスイス、ということになるのではないでしょうか。

ちょうど自動車の分野ではドイツがそうであるように、時計の分野でスイスは、国ひとつがブランド・イメージを作り得ています。アメリカや日本の車がどんなに売れようとも、ドイツ車のイメージが変わらないのと同様、スイス時計にもそうしたイメージの不可侵性のようなものがあるのです。

実際、スイス時計のよさはどこにあるのでしょうか。そのイメージの源泉はどこにあるのでしょうか。そう考えると、スイス製の腕時計のひとつひとつが持っている「唯一性」の問題に思い当たります。スイスの腕時計は、一個体ひとつひとつの尊厳というか、存在を明らかにしたがるのです。ひとつひとつの腕時計にこまめに通し番号を振ったり、ひっきりなしに限定版を作るのも、そう考えれば納得がいきます。

その背景には、時計産業が持っている層の厚さ、人材の豊富さがあります。たとえば、特に機械式の腕時計であれば、修理や調整はかならず可能です。メーカーはその義務を当然のこととして請け負っています。通し番号は単に生産管理のためではなく、持ち主との約束を意味しているわけです。

そしてスイス時計は、部品を交換し、調整さえすれば、何年経ったものでも新品に戻ります。そのための職人が各ブランドに待ち構えていると言ってもいいほどです。スイス時計にあっては、作る、直す、調整する、はほとんど等価の意味であり、誕生させるのも生き永らえさせるのも、同じく作り手が責任を持っているのです。赤ちゃんが生まれるのも、病気を治すのも同じ病院であるような理屈です。

振り返って、日本人である我々の身の回りはどうでしょうか。買ったばかりのプロダクツに不都合があり、修理に持ち込んだ際、よく聞かれる言葉が「良品交換」です。直すより、「同じ新品」と交換します、ということです。この習慣の中にあるのは、品物の匿名性です。匿名の品物には、愛着が湧いてくることはないでしょう。同じ品ならば、新しいものがいいのは道理、ということになります。

けれどもスイス時計には、ひとつひとつの品物にそれぞれ個別性がある。こうしたことがスイス時計へのイメージ、ひいては機械式時計へのイメージにつながっているのでしょう。もちろんスイスでもクォーツは作っています。ただし、彼らはたとえ良品交換したほうが手っ取り早いと分かっていても、なんとか直したがるのではないでしょうか。機械式腕時計に固執した彼らの過去と現在を知る限り、どうしてもそう思われるし、期待してしまうのです。

ハイジのいないスイス名所

スイスと時計のイメージの連結を端的に表しているのが、国中に広がった「時計の名所」の存在です。こうした時計好きにとってのスイス名所には、間違ってもハイジは出てきそうにありませんが、時計の精は大挙して空気中を飛び回っているはずです。時計に縁のない方は、スイスといえば山、雪、スキー、ヨーデル、チョコレートの国と思われるのでしょうが、ウォッチ・ラヴァーにとってのスイスは、国全体が時計の博物館であり、ショールームなのです。その壮大な装置を代表する名所を紹介しましょう。

まず必見と言えるのが、「ラ・ショー・ド・フォン『人と時』研究所」です。一般には時計博物館と言われています。時計の王国スイスには至るところに時計博物館がありますが、その中でも別格なのがここです。

ラ・ショー・ド・フォン「人と時」研究所

場所はジュラ山脈、ラ・ショー・ド・フォンの街。スイス最大の時計博物館に、「アンティーク時計修復センター」「時の研究所」を併設した、スイス時計研究の総本山です。

博物館に収蔵されているコレクションは、日時計から原子周波数を使ったものまで約四〇〇〇点。ポケットウォッチや腕時計の名品、置時計の歴史的傑作、オートマートと呼ばれるからくり時計の数々など、時計好きなら一時も退屈しないでしょう。時計の奥深さに感嘆し、目覚めさせてしまうパワーを持った博物館です。

しかし、本当の見どころは、ガラス張りの修復センターでの作業を見られることかもしれません。スイスの時計工房を見学するのはなかなか面倒な手続きが必要ですが、ここでは目の前で、本当の

ル・ロックル時計博物館

現場が展開します。過去の名品を超絶技巧で蘇らせる圧巻の技を目の前で見ることができるのは、世界でもここぐらいでしょう。開館時間は午前が一〇時から一二時まで、午後は二時から五時まで。観光シーズンの六月〜九月は、通しで開けています。月曜日は休館日です。

ラ・ショー・ド・フォンの隣駅ル・ロックルにあるのが、「ル・ロックル時計博物館」。こちらはシャトー・デ・モンと呼ばれる古い館を改造したミュージアムで、ぐっと小ぶり。その代わり、置時計と自動巻き腕時計、オートマートのコレクションには目を見張るものがあります。超一級の展示品「ナポレオン愛用のクロック」を見るだけでも来る価値があ

ジュネーヴ時計・七宝博物館

るでしょう。シャトーの雰囲気を活かした心地よい空間です。

九九年の改装で誕生した三階の展示には、「時を人生との関係の視点でとらえる」をテーマに、興味深い常設展示があります。また、ここでだけで上映されているフィルム（二二分）も必見です。こちらは五月〜一〇月が一〇時から一七時まで、一一月〜四月が一四時から一七時まで開館。休館日は月曜日（祝日の場合は開館）です。

ジュネーヴにあるのが、「ジュネーヴ時計・七宝博物館」。ジュネーヴの伝統産業は高級時計作りと七宝（エナメル）の工芸品です。この二つの技術が融合し、美術品としての価値が高い七宝時計が数多く生み出されてきたのですが、その名品を集めた美術館がここです。一七世紀半ばごろからのジュネーヴ時計の精華を収集、展示しています。

エナメルに細密画を施した豪華絢爛なポケットウォッチは一見の価値あり。また、これもジュネーヴ七宝の伝統であるエロスをモチーフにしたものなども見ることができます。開館は水〜月曜日が一二時から一七時まで、日曜日は一〇時から一七時までで、火曜日が休館です。

たっぷりとスイス腕時計の世界を肌で感じてみたいのならば、ジュー渓谷（ヴァレー・ド・ジュー）に足を延ばしてみるといいでしょう。ここは、スイス時計産業の心臓部分と言える「聖地」のひとつです。場所は、名だたる時計作りの町が連続するジュラ山脈沿いの、さらにフランス国境に近い奥座敷。海抜一〇〇〇メートルを超える山あいの、ジュー湖を囲むのどかな地域には、スイス時計の最高峰である複雑時計を生み出すメーカーが集中しています。ジャガー・ルクルト社、オーデマ・ピゲ社があるのもここです。

一般に工房の見学が許されるとは限らないのですが、ジュー渓谷は訪れてみる価値のある場所です。穏やかで静かな村々は、心静かに複雑時計の製作に取り組める、時計職人たちの桃源郷です。六〇〇〇人ほどの住民のほとんどが、時計産業の関係者。ストレスの極致のようなミクロの作業を続けていられるのも、この環境に負うところが大きいのでしょう。凄腕の技術者たちがこの場所を離れたがらないので、高級腕時計メーカーはここから動けない、という話も聞きました。その魅力を感じるだけでも、ここはひとたび身をおいてみることをお勧めします。トーマス・クック社の時刻表（一〇〇年以上の伝統を持ちヨーロッパ全土の主要な鉄道の時刻表が網羅されている）にも載っていない小さな鉄道の、「Le Brassus（Vallorbe 経由）」が、ジュー渓谷の入口となる最寄り駅です。

腕時計のヌーディズム

腕時計ブランドの技術力と芸術的感性を表象する存在が、スケルトン（スケレット）と呼ばれる時計です。文字盤やプレート（プラティン）やブリッジを削り、アラベスク模様などの彫金を施し、ムーヴメント全体を観賞用に仕上げた時計です。裏蓋もガラスであれば、透過光のシルエットとして全体の美しさを愉しむことができます。

スイス時計の、ポケットウォッチ以来の伝統ですが、腕時計ファンのフェティシズムというか窃視《せっし》願望を、これほど喚起する腕時計もないでしょう。いまも、スケルトンは作られつづけています。このヌーディズムを目の前にすると、自然とため息が出てきます。

スケルトンは「見られる」という目的に特化された時計です。時間を読み取る、という目的は、かなり希薄になっていると言っていいでしょう。さらにはシースルーバック（49ページ）の腕時計ファンのように、機械としての美しさに魅入られる、という愉しみからも逸脱していきます。見られるべき機械は可能な限り削られていくことによって、芸術的価値を増していくわけです。

腕時計の裸体画ともいえるスケルトンが見せるこうした価値基準の転倒も、腕時計を見る愉しさのひとつに数えることができます。

ミリタリーウォッチのファン像

軍隊によって買い上げられ、軍用品として実用に供される腕時計がミリタリーウォッチです（185ページ写真）。この手の腕時計には、根強いファンが常に存在しています。

ミリタリーマニアは通常のルートでは手に入らない品を探し出すのが常ですが、腕時計に関してはそれほどの苦労は必要としません。市販のモデルが軍用として採用されることがあり、また反対に軍用モデルが市販品にフィードバックされることもあるからです。軍用と民生用の距離が極めて近い製品なのです。

エルメス「セザム」（スケルトン）

現代の「軍用」の時計の中でも、とりわけその信頼性が高いのが、「ミルスペック」に基づいて生産された腕時計です。ミルスペックとは、軍から提示された性能及び仕様の基準に合わせ、納入を希望する時計メーカーがサンプルを提出、軍の試験センターで厳密なテストを受け、合格した時計を提出したメーカーは競争入札の権利を与えられるというシステムで、アメリカなどがこうしたシステムを採っています。

また、パイロット・ウォッチは、多くの国の軍隊が支給の制度を採っています。ミリタリーウォッチの名品として名を馳せた腕時計の多くが、各国の空軍の制式採用です。

こうした、「戦争の名品」を身につけることによって、自分の身を空想の戦場に置くことができるでしょう。腕時計は重要な戦争のギアです。ミリタリーウォッチは、力の象徴でもありうるわけです。

だからと言って、ミリタリーウォッチファンが好戦主義者というわけでもないようです。周辺国の有事に備えてミリタリーウォッチを買っている、というようなファンは皆無ではないでしょうか。日本においてミリタリーウォッチは、「もっともあり得ない非現実」の空想にトリップするための、間違いなく強力なイメージ装置になります。エヴェレスト登頂、ホーン岬制覇といった冒険と同様、またはそれ以上に、戦争は苛酷で、自分がそこに身を置く

ブライトリング「エアロスペース」

可能性は低いはずです。想像力の助けを借りれば、ミリタリーウォッチはなまじの戦闘ゲームより、よっぽどリアルな刺激になるのでしょう。

もっともこれも考え過ぎかもしれません。ミリタリーウォッチは、統制のとれた作戦進行には欠かせないツールであり、正確で均等な品質が求められます。また、過酷な戦場における堅牢性・耐久性もミリタリーウォッチの身上です。ミリタリーウォッチのファンは、もっともハードなスペックを享受する、実は実質的なプラグマティストなのかもしれないのです。

スポーツと腕時計メーカーはなぜ仲がいい？

スポーツ観戦は現代人をもっとも興奮させる種類のイベントであることは言うまでもないでしょう。ひとはスポーツ選手を応援し、興奮し、一体化を試みる。この心の動きを腕時計へのシンパシーに吸収しようとするのが、スポーツ・ウォッチ・メーカーの試みです。

おそらく、スポーツとの関係でもっとも成功したブランドはタグ・ホイヤーでしょう。一九一六年に一〇〇分の一秒を計時できるストップウォッチを開発。その後、一九二〇年のアントワープ・オリンピックから、パリ、アムステルダムと立て続けに三度のオリンピックで公式計時を担当することになりました。

タグ・ホイヤー「モナコ」

一方、オメガ社もオリンピックの公式計時で名声を確立した記憶があります。初担当したのは、一九三二年のロサンゼルス・オリンピック。またセイコーも、一九六四年の東京オリンピック公式計時が契機となり、その後もリレハンメル、長野での公式計時を担当しています。

カーレースでもタグ・ホイヤーの存在感は大きいものがあります。いまも人気のモデル、「カレラ」と「モナコ」は、いずれも過去に製作された腕時計の復刻版がベースですが、カレラは一九五〇年代に開催されたモーターレース「カレラ・パン・アメリカン・メキシコ」に由来しています。「モナコ」は映画「栄光のル・マン」で主演のスティーブ・マックィーンが着用した腕時計です。ちなみにマックィーンは映画の中で、ホイヤーのスポンサードロゴが入ったレーシングスーツを着ています。ほかにもF1の公式計時、さらにいまは亡き天才F1ドライバー、アイルトン・セナへのスポンサードも有名です。また最近では「ショパール」がイタリアの有名な公道レース「ミッレ・ミリア」に協賛し、記念モデルを出しています。

一方で「海のF1」アメリカズ・カップも重要なプレゼンスの場です。二〇〇三年のアメリカズ・カップでは、老舗オーデマ・ピゲがスイス・チャレンジに協賛を決定し、記念モデ

オーデマ・ピゲ「ロイヤルオーク」のアメリカズ・カップ記念モデル

ルを発売しています。オメガのシーマスターはチーム・ニュージーランドの公式ウォッチとなり、やはり記念モデルを出しています。

伝統的に腕時計のブランドと相性がいいのは、カーレース、ヨットレース、陸上競技。タイムレースが多いのはスポーツウォッチとの関係上、納得がいきます。一方で、これだけ人気が高いサッカーの分野で、それほど名を上げたブランドがないのは不思議議です。サッカーは早くタイムアップがこないかと祈ったり、逆にロスタイムがまだ終わらないように悲鳴を上げたりするスポーツですから、時計との関係は多分に悲劇的なのでしょうか。試合中に腕時計をしているのが審判だけということも、イメージが作りにくいのかもしれません。

ひとり歩きした「ポール・ニューマン」

品薄のために、新品でも市場でプレミアがついて取引されているのがロレックスの「コスモグラフ・デイトナ」。時計ファンならずとも、その名は耳にしたことがあるでしょう。さらにその初代の手巻き腕時計「ポール・ニューマン」モデルは、アンティークでは入手困難な幻の逸品と呼ばれています。

ところが、ロレックス社ではこれを一度も「ポール・ニューマン」モデルとは呼んだことがないはずなのです。「栄光への五〇〇〇キロ」という映画の中でポール・ニューマンが着用したことから、この名前はいつの間にかひとり歩きし、アンティーク・ショップでもファンの間でも、この名が正式名称のように使われています。当のポール・ニューマンが、ロレックス専門ショップのCMに出演したことが、余計話をややこしくさせてしまいました。これは極端な例ですが、このように、スターとその腕時計の関係も、またイメージのつながりを作ります。そして、「スターの腕時計」の威力は絶大なのです。

ブランドもそれを意図し、映画などには積極的に商品を提供したり、「セレブリティ」としてキャラクター起用したりもするのですが、単にスターの私物がクローズアップされたりする場合もあります。最近ではアーノルド・シュワルツェネッガーとオーデマ・ピゲ、リチャード・ギアとボーム&メルシエ、トム・クルーズとブライトリング、シルベスター・スタローンとオフィチーネ・パネライなどがよく知られた例でしょうか。変わったところでは、ビル・ゲイツがブルガリの愛用者だそうです。

ゴールドファイル挑戦記の顛末

もう旧聞に属しますが、二〇〇一年のバーゼル・フェアでドイツの革製品メーカー「ゴールドファイル」の腕時計参入が話題になりました。というのもこの参入の形態が非常にユニークで、時計界をリードする超絶技巧技術者の集まりであるＡＨＣＩ（通称「アカデミー」）の独立時計師七名（ベルンハルト・レーダラー、スヴェン・アンデルセン、トマス・バウムガルトナー、アントワーヌ・プレジウソ、ヴィンセント・カラブレーゼ、ヴィアネイ・ハルター、フランク・ジュッツィ）と提携してのものだったからです。

アカデミーは本来、大資本の時計メーカーとは一線を画す独立クリエーターの存在意義を示した、国境を超えた存在です。それがとつぜん、時計とは縁遠い「ブランド」と結びついたわけです。この提携は、すべての作品がゴールドファイルの製品でありながら「製作者の署名入り」であることと、さらに一年間の〝ワールドツアー〟の後に世界的に名高いクリスティーズでオークションにかけられる「逸品シリーズ」（特別展示用のモデル）と、「特別シリーズ」（市販用のモデル）の二本立てという提案になっていました。

世界最高水準の技術と感性を持ちながら、これまでかならずしもそれに相応《ふさわ》しいスポットライトを浴びてはいなかったのがＡＨＣＩのメンバーです。過去、多くの大メーカーは彼らを利用し、名前を出さずにその成果をあたかも自社の技術力の証のように発表してきました。一方ゴールドファイルは作者を隠さず、むしろ強調し、彼らへ自由な創作を保証しました。

スヴェン・アンデルセン作

ベルンハルト・レーダラー作

トマス・バウムガルトナー作

アントワーヌ・プレジウソ作

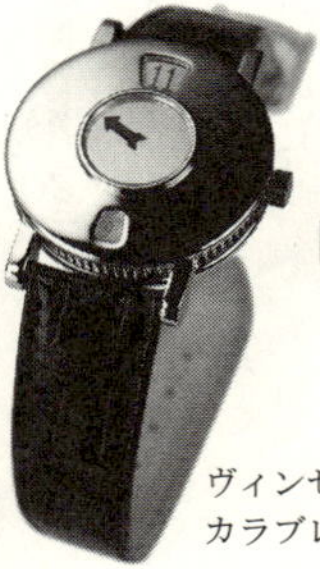

ヴィンセント・
カラブレーゼ作

ヴィアネイ・ハルター作

フランク・ジュッツィ作

ゴールドファイル七人のクリエーターの作品

心おきなく初めて使うプラチナ素材、初のトゥールビヨンなど、売れることへの心配なしに作品に挑むことを可能にしたのです。

こうした条件と引き換えに、ゴールドファイルは突然、世界最高水準の時計ブランドとしてデビューが可能になったわけです。市販を前提とした「特別モデル」で、名声だけでなく実利も得られるという計算だったのでしょう。

いまのところ目立ったブレイクはしていませんが、試みとしては非常に面白いものだと思います。群雄割拠するスイスの腕時計ブランドの中で、いきなり一流ブランドとして立とうという、大胆で計画的なチャレンジだったからです。

Ⅷ　作家とブランドで考える

最終章になるこの章では、選んだ時計を購入する「決め手」のようなものについて考えてみます。

時計を「選ぶ」ことと、「買う」ということは、かならずしも一致してはいません。好ましい時計を選んだにしても、最後にポンと背中を押されるか、自分で決心の一歩を踏み出さなければ、なかなか一生ものの買い物はできないでしょう。

「決め手」とはなんでしょうか。私はそれは、その腕時計を愛せるか、誇れるかという確信ではないかと思います。そのために、腕時計を主観的に愛するための、いいところを探す術《すべ》があってもいいのではと思うわけです。

購入動機のトップは「自分へのごほうび」

腕時計の購入動機のトップは、今も昔も「自分へのごほうび」でしょう。私はよく購入の相談に乗るのですが、尋ねるとかならずこの答えが返ってきます。当人たちは至って真剣なのですが、何十回となく同じ答えを聞いている私は心の中で苦笑します。しかし、たしかに、投機目的でない限りは、自分へのごほうび以外の理由などつけようがないはずなのです。

そしてこの動機は魅力的です。ごほうびの理由がなんであれ——進学、就職、昇進などなど――、または無理矢理こじつけた理由であっても、自発的に腕時計を買おうという決心には心打たれるものがあります。それはおそらく、そのひとの自己肯定――自分の生を肯定していること――を間近に見るからなのでしょう。自己否定をするひとは他人を悲しくさせますし、そういうひとは腕時計を買おうというような積極的な気持ちは、あまり起こさないのではないかと思います。

腕時計は、目覚まし時計を買うのとは根本的に意味が異なります。時間に従属するためではなく、何度も述べてきましたが、自分の時間を取り戻す行為なのです。そのための時計ですから、自分との関係をうまく築ける時計、誇れる、愛せる時計を購入してほしいと、切に思うのです。

「時計ブランド」と「ブランド時計」の大きな差

買ってから後悔する時計があるとすれば、そのひとつは誇れない時計ということでしょうか。それでも自分だけが気に入っていればいいわけですが、そうと知らずに誇れない腕時計を買ってしまうことは避けたいものです。私はたいていの時計には誇れるポイントがひとつはあると思うのですが、それでも好きになれない腕時計はあります。ブランドのイメージだけを利用した腕時計です。腕時計を誠実に作るつもりもないファッションブランドが、そのイメージだけ、言ってみればロゴだけを張り付けた安直なクォーツを売るのは、ちょっといかがなものかと思うわけです。買う側がそれを理解していればいいのですが、たいていは同じ「有名ブランド」として、誠実な時計ブランドと安直な「ブランド時計」を混同してしまうのです。

そんな中で好感が持てるのは、たとえばエルメスの姿勢です。世界的な名声を誇るメゾンを母体に持ちながら、エルメスの企ては凡百の「OEMファッションブランド時計」に完全に背を向けるものなのです。スイスに自社工場を建て、自動巻きクロノグラフやクロノメーター、スケレットなど本格的機械式時計まで製作しています。挑戦的なひとつのメーカーが、「エルメスのブティックでも買える本格的な腕時計」を生み出していると表現したほうがいいでしょう。ブランドの威光に頼らず敢えて困難な道を選んだ、この意気こそが買えるわけです。時計そのものは機械式とクォーツ、オートクォーツまでを先入観なしに自在に使い分ける若々しさが好印象で、一方名門エルメスの血筋は、革ストラップの素材、染色、縫製の出来の良さに顕著です。

また、ショパールの試みも特筆できます。もともとショパールはガラスの下でダイヤ玉が

ショパール「ハッピーダイヤモンド」

転がる「ハッピーダイヤモンド」で、世界中の女心を蕩《とろ》けさせつづけているブランドですが、現・副社長の四半世紀に及ぶ悲願で、本格的機械式時計に舵を切りました。硬骨の二代目が指揮を執り完成させたクロノメーター認定の自社開発ムーヴメント「L．U．C」は、九七年のウォッチ・オブ・ザ・イヤーを受賞しています。

最近ではブルガリでしょうか。二〇〇二年のコレクションでは、ついにトゥールビヨンまで発表しました。外部の時計師の力を借りたにせよ、意地を感じます。

二〇〇〇度の耐火金庫に部品をしまうメーカーの意地

よく「一生ものの時計」という言い方を耳にします。もしそれを本当に見つけたいのであれば、一生面倒を見てもらえるブランドを選びたいものです。もちろん定評ある老舗には安心感があるわけですが、そうした老舗の例としてＩＷＣの姿勢を紹介しておきましょう。

スイス時計の中でも、ドイツ語圏のシャフハウゼンに本拠を構えるＩＷＣは、他のメーカーとはちょっと違ったイメージでとらえられるかもしれません。社名からして英語の、インターナショナル・ウォッチ・カンパニー。しかしＩＷＣは硬骨とも言える律儀さでスイス時計の伝統を継承する、紛れもないスイス生粋の時計メーカーです。創業は一八六八年、英空軍、南極観測隊、エヴェレスト登頂隊などへの採用など、信頼性を裏付ける逸話にも事欠かないブランドです。

このIWCはムーヴメントだけでなく工具すら自作するメーカーです。しかも、創業以来のすべての製品の修理に対応できるように、摂氏二〇〇〇度にも耐える構造だという金庫に、廃番になった部品を含めて全部品を保管しているのです。

さらにIWCには「ダ・ヴィンチ」という二四九九年までを機械的にプログラムした永久カレンダー時計があります。このメーカーには、約五〇〇年先までのサービスを期待するユーザーがいることになるわけで、しかもそれを承知したうえでの商品です。老舗はかくあるべしという見本です。

私説ロレックス論

一本の腕時計を選ぶにあたって、多くのひとが避けて通れないのはロレックスの検討でしょう。ロレックスにするか、しないかというのは大きな問題です。高額ではありますが、中古でも人気があり、リセールバリューを期待できます。人気は万人の認めるところです。

ただし、一本の腕時計を選ぶのであれば、転売のことを最初から考えるのはどうかとは思います。ひとの意見に惑わされず、冷静に演繹すべきでしょう。

ひとつだけ言うことがあるとすれば、私は時計を大事にしなさそうなひとには実はロレックスしか薦めません。ロレックスの最大の長所はその名のとおりの頑丈なオイスターケースと、「パーペチュアル」とロレックスが呼ぶ自動巻きの信頼性だと思います。時計に手間をかける時間も意思もないひとにでも、ロレックスは忠実です。レインジ・ローバーや、ジッポーに通じるものがあるような気がしますが、いかがでしょう。もうちょっとまめなひとであれば、たいていのブランドは選択肢に加えられるのですが。

時計ブランドをクルマにたとえたら……

腕時計の作り手たちは、自分のところの時計をクルマだったら何にたとえるのだろう、という疑問は、実は前から持っていました。というのも、時計業界のＶＩＰたちは、おしなべて自動車が大好きだからです。きっと、自分の製品を車に見立てているに違いない……。

そう思いながらも聞けずにいたのは、各ブランドとも自社ブランドのイメージを他のプロダクツに置き換えるのはいやがるだろう、と遠慮していたからです。また、いくつかのブランドは自動車メーカーと関係があるし、これは聞くべきではないなとも思っていました。

そうしたら、二〇〇一年に疑問が氷解しました。この年のバーゼル・フェアに自動車雑誌「エンジン」の名物編集長（矢作俊彦氏の小説のモデルにもなった）鈴木正文氏が現れ、まったく恐いものなしに「その質問」をしたからです。しかも「時計界のロールズ・ロイス」パテック・フィリップのフィリップ・スターン社長から、「ブガッティ」という答えを引き出してもいました（二〇〇一年八月号）。

早速、次の年は自分で挑戦してみることにしました。するとなあんだ、結構みんな率直に言ってくれるのです。中には手前味噌の感が強いものもあるのですが、以下はその成果を報告しましょう。

ピアジェ「アストン・マーチンでしょう。エンジン、ユニークなスタイル、技術、内部がよくて、しかもレザーの品質が高い」と大真面目（フィリップ・レオポルド・メッツガーＣＥＯ）。

ボーム＆メルシエ「アウディでしょう」（フレデリック・レイスＣＥＯ）。

ウブロ「ポルシェ。ラインがスポーティでエンジンがいいところが似ている」（カルロ・クロッコ社長）。

モバード「フェラーリだよ。デザインがピュアで、パフォーマンスが高い」（フローリアン・ストラシャー／デザイナー兼取締役。なお、本人がフェラーリのオーナーだそうだ）。

タグ・ホイヤー「ＢＭＷ、それもＭ３」（ステファン・リンダー開発担当取締役）。

オフィチーネ・パネライ「品質ではメルセデス」と言ってから「でも、心はフェラーリ」。生粋のイタリア伊達だ（アンジェロ・ボナティＣＥＯ）。

面白かったのは、ブランパンの新ＣＥＯ、マルク・アイエク氏。「フェラーリかな、アストン・マーチンかな」と言った後で、「シガーならばハヴァナ。または、ピノ・ノワールしか使わないブルゴーニュのワインみたいなものですね。ロマネ・コンティのように」。

各ブランドの誉めどころ

腕時計のブランドには特有の「誉めどころ」がある、と言っていいでしょう。お茶席で茶碗や掛け軸を誉めるのと同様、ポイントを外すと気まずいものです。しかもそれが自分の腕時計であれば、誉めどころは自慢のポイントでもあるわけです。そこで本書の最後に、各ブランドのそうした「美点」を探し当てるポイントとして、すこしヒントとキーワードを差し上げましょう。

カルティエ

最高峰の宝飾店で、腕時計も別格。エドワード七世の「王の宝石商であるが故に、宝石商の王」という言葉は有名。最高級品を含めた広範囲の価格帯すべての商品にカルティエらしさが貫かれている。

バセロン・コンスタンチン

スイス三大高級時計ブランド。一〇〇年以上にわたって使われるバセロン・コンスタンチンのシンボル「マルタ十字」の威光は半端な時計通を黙らせる。

ジェラルド・ジェンタ

いまはブルガリ・グループの一員。レトログラード使いが巧み。過去の名品には「ミッキーマウス」の腕が分針になって動くゴールドのレトログラードもある。

ボーム&メルシエ

カジュアルな高級腕時計。高度に都会的に洗練。「ヨーロピアン・カジュアル・エレガンス」。「ハンプトン」「ケープランド」は最近のヒットシリーズ。

ブレゲ

腕時計の超名門。創立は一七七五年。始祖は「腕時計の歴史を二〇〇年早めた男」ブレゲ。かつて天才ダニエル・ロートが在籍。ギョーシェ彫り、ブレゲ針、ブレゲ数字と特徴が多い。隠しサインがある。

ロジェ・デュブイ

大胆なデザイン、超大型のケース、ツインストラップなど非常に個性の強い時計。全モデルが最大二八本の限定。技術力は折り紙付き。

オーデマ・ピゲ
スイス三大時計ブランド。マニュファクチュール。複雑時計工房「ルノ・エ・パピ」の後ろ楯。ヒット作はロイヤルオーク。２００３アメリカズ・カップ・スイス・チャレンジに協賛。

ジラール・ペルゴ（16X18X2）
ムーヴメントを自作・供給する技術力。クロノグラフが高い評価。フードロワイヤントもある。フェラーリとの関係が強い。

ダニエル・ロート
独創的な、ダブルオーバル型の変形ケース。針のカウンターにも特徴。いまはブルガリ・グループ入り。

ピアジェ

確かな技術開発力、定評ある自社製ムーヴメント。自社製品の製造工程は完全一貫生産。初のステンレスモデルを出した。金、プラチナを惜しみなく使う。創業以来のモットーが「常に必要以上に良いものを作る」。

パルミジャーニ・フルーリエ

複雑時計アンティークの修復、時計メーカー向けの特殊ムーヴメントの製造を行なってきた高度な技術を持つ時計師、ミシェル・パルミジャーニが率いるブランド。独特のジャヴロ（投槍）針が印象的。

ペルレ

自動巻きであることをアイデンティティとする腕時計。文字盤側にもローターがある。自動巻き時計の発明者アブラムールイ・ペルレの名跡。

ダニエル・ジャンリシャール
ジラール・ペルゴの兄弟会社。ＴＶスクリーンを模したケース。「クロノスコープ」は回転ベゼルをケース内に納めたダイバーズ・ウォッチ。

オフィチーネ・パネライ
超スパルタンな防水腕時計。先祖はイタリア海軍用制式ウォッチ。独特のクラウンガード。三〇〇メーター防水仕様が標準。

ボヴェ
コレクターの伝説の時計。アンティークも人気。少量生産の凝りに凝った時計。くねるヘビのようなサーペンタイン・ハンド。

モンブラン
バックは圧倒的な知名度を誇る筆記具の名門。腕時計でも信頼感抜群。機械式にも意欲的。ブランドマークはおなじみ「ホワイトスター」。

ダンヒル
洒落者好みの英国紳士御用達ブランド。ライター、喫煙具、アクセサリー、メンズウェア、革製品と同イメージのダンディ向け腕時計。多面体カットガラスを使った「ファセット」がロングセラー。

パテック・フィリップ
スイス時計界を睥睨《へいげい》する天上界のブランド。「スイス三大時計メーカー」でも頭ひとつ上の存在。ジュネーヴ時計の品質を保証する刻印「ポワソン・ド・ジュネーヴ（ジュネーヴシール）」認定の九五パーセント以上が同社製品。過去の愛用者にヴィクトリア女王、ワグナー、トルストイほか。

フランク・ミュラー
男も女もそれぞれに惚れ込む機械式腕時計。男性は主にそのスペック、女性はスタイルに心惹かれる。ミュラー本人は、超絶技巧を誇る時計師。

ジャガー・ルクルト
時計界全体に貢献する自社一貫生産メーカー。自社一貫生産のマニュファクチュールにして優れたムーヴメント・メーカー。反転する腕時計レベルソは七〇年の長きにわたって愛される名品。

ＩＷＣ
虚飾を削ぎ落とした「美しい機械」。独特の時計観が身上。英空軍、南極観測隊、エヴェレスト登頂隊などへの採用。一八六八年の創業以来のすべての製品の修理に対応。

エルメス
ブランドの威光に頼らない本格的時計。スイスに自社工場を建て、自動巻きクロノグラフやクロノメーター、スケレットなど本格的機械式時計まで製作。

ショパール

名門の殻を破った自社製ムーヴメント、クロノメーター認定の自社開発ムーヴメント「L．U．C」は、九七年のウォッチ・オブ・ザ・イヤーを受賞。「ハッピーダイヤモンド」でも有名。ミッレ・ミリアに協賛。「ホセ・カレーラス・ウォッチ」もクラシック音楽ファンに著名。

アラン・シルベスタイン
希代の才能が生み出す異形の名品。エキセントリックなデザインに、中身は本格的ムーヴメント。クロノグラフ版のトゥールビヨンまである。

コンコルド
かつてはティファニーで売られていた「世界でもっとも薄い腕時計」の世界記録を保持。永久カレンダー、ミニッツ・リピーター、トゥールビヨンを備えたスケレットというスーパー宝飾時計「サラトガ・エクセルシオール」。

クロノスイス

機械式時計への尊敬という存在理由。スイスという名前を冠したドイツのブランド。時、分、秒が独立して表示されるレギュレーター腕時計の第一人者。マニアを唸らせる品が揃う。

ロレックス

人気ナンバーワン。なにしろ丈夫。欠点は人気が高すぎること。すべてのモデルの完成度が高い。中古・アンティーク市場でも値段が落ちない。

オメガ

ベストセラー的ブランド。宇宙飛行士の時計でもある名品「スピードマスター」。価格は良心的。「コーアクシャル脱進機」の搭載進む。

ユリス・ナルダン

高精度のマリン・クロノメーターの名門。天文時計「アストロラビウム・ガリレオ・ガリレイ」で『ギネスブック』の表紙を飾る。エナメル技術の高さでもつとに有名。ルードヴィッヒ・エクスリン博士の存在は業界の至宝。

ゼニス
唯一の三万六〇〇〇振動のクロノグラフ・ムーヴメント「エル・プリメロ」。ピラーホイール搭載。

ラドー
ダイヤモンド並みの硬度の超硬腕時計。名品「ダイヤスター」の栄光。

モバード
ニューヨーク近代美術館に収蔵された「ミュージアム・ウォッチ」。バウハウス派のモダン・デザイン。

ランゲ・アンド・ゾーネ
通好みの逸品。名門の復活。徹底した少量生産。高品質の裏付けある高価格。

エベル
エレガントなデザイン。ブレスレットの出来は最高。パリの名門。

ブライトリング
パイロット・ウォッチの伝統。トム・クルーズの腕時計。

モーリス・ラクロア
スイス腕時計の伝統に精通。過去の名品ムーヴメント使いも巧み。良心的な価格。

レビュー・トーメン
アラーム腕時計「クリケット」は定評あり。アメリカ歴代大統領が愛用。

ティソ
カジュアルな名門。価格はリーズナブル。

コルム
アイディアの宝庫。アドミラルズ・カップが有名。毎年新作が多彩。

ミネルバ
スイス腕時計の良心的存在。超ロングセラー「キャリバー48」は奇跡的存在。

ヴィンセント・カラブレーゼ
現代を代表する天才時計師。セントラル・ジャンピング・アワー、スティック・ムーヴメントほか代表作がめじろ押し。

フィリップ・デュフォー
超寡作作家。どんな複雑時計でも、歯車から手作り。

アントワーヌ・プレジウソ
若き天才時計師。アカデミー会員の星。

スヴェン・アンデルセン
古今の時計技術に精通する時計師。セキュラー・カレンダー。アカデミー理事。

ノモス
通好みのブランド。シンプルでノーブルな外観。腕時計らしい腕時計。

ジャケ・エトワール
「時計師の時計」らしい腕時計。ムーヴメントが端正。

グラスヒュッテ・オリジナル
精密機械としての美しさが顕著。スワンネックに涙。

ダービー＆シャルデンブラン
現代に生きるスイス腕時計の「新・古典派」。オールド・ムーヴメントの宝庫。

エルジン
米軍ミリタリーウォッチの系譜。アールデコデザインの「ロード・エルジン」。
ロンジン
シンボルは「有翼の砂時計」。リンドバークの腕時計。スイス腕時計の名門。
アイクポッド
鬼才マーク・ニューソンの手によるデザイン。モダンの最先端。新世代の高級腕時計。

ヴィンセント・カラブレーゼ

撮影・並木浩一

フィリップ・デュフォー

しかも価格はまちまちになります。最高級ブランドでは、ラインナップ中の最も安いステンレス製モデルが80万円台から始まる場合もあります。また、クロノメーターの認定ムーヴメントも、価格を上げる要因です。

次のファクターは、機械式ムーヴメントの場合、どのような機構、機能が付加されているかという点です。複雑な機能を組み込んだモデルは、シンプルなモデルよりも価格が高くなります。もっとも身近な複雑機能であるクロノグラフの場合、機械式、ステンレス製のモデルで、20万〜30万円台から始まると思っていいでしょう。さらにはクロノグラフのなかでも、「クロノグラフ＜フライバック・クロノグラフ＜クロノグラフ・ラトラパンテ（スプリットセコンド・クロノグラフ、ドッペルクロノ等の名称がある）」という図式があります。

永久カレンダー、トゥールビヨンの場合は、モデル自体が少ないために相場という考えが難しいのですが、500万〜1000万円が一つの目安となるでしょう。ミニッツ・リピーターは1000万円以上になるのが普通です。またリピーターの中でもさらに複雑な「グランド・ソヌリー」や、天文時計のような複雑機構・機能を備えたモデルでは、数千万円の価格になります。

もうひとつ、宝飾の要素を忘れるわけにはいきません。メレダイヤの飾り程度であれば価格には十数万〜数十万アップで済みますが、本格的なジュエリーウォッチとなると値段は天井知らずです。宝石自体の価値に加えて、宝飾の技巧が必要となるためです。文字盤、ブレスレットにダイヤモンドを隙間なく敷き詰めると、価格は数千万から数億になるでしょう。

さらに、ブランドごとの相場価格帯は考えなければならないでしょう。トップブランドでは大きな要素です。スイス三大時計ブランドと呼ばれるパテック・フィリップ、オーデマ・ピゲ、バセロン・コンスタンチンの場合は100万円以上の予算を考えなければならなくなります。複雑時計の名門ブレゲ、ブランパンや、ピアジェなどもそこに重なっていきます。いっぽうカルティエのように、50万円以下の価格帯から数百万円のもの、さらには数千万円の宝飾モデルまで幅広いラインナップを持っている例もあります。

コラム　腕時計の価格と相場

腕時計の価格形成に関わるファクターは以下のようなものがあります。

まず、どの時計にも共通する重要な要素の第一は「何で出来た時計なのか」という点でしょう。つまり、ケース素材の問題です。ケース素材による価格のクラス分けには「ステンレス<ゴールド<プラチナ」という関係があります。素材としてのゴールドとプラチナには、約2倍の価格差がありますので、その分は当然価格に跳ね返ってきます。

実際にはどれだけの量（重さ）の貴金属が使われるかはまちまちなのですが、一般的には以下のような価格から始まると思っていいでしょう。なお、これは最低ラインの目安であり、価格は他の要素も含んでいますので、最高値は決められないと思ってください。

○ステンレス製ケース　1万円〜
○ゴールド製　60万円〜
○プラチナ製　150万円〜

ゴールド、プラチナのモデルでは、「革ストラップ<ブレスレット」の図式があります。ブレスレットを貴金属製にすると、材料費はそのまま価格に反映します。これもどれだけの量を使うのかによりますが、一般にゴールドのブレスレットモデルは、革ストラップ製の数十万円高になるのが普通です。

次には、中にどのようなムーヴメントが入っているか、という点を考えます。この点に関しては、一般的に「クォーツ<機械式」という図式があります。本書に登場するような著名ブランドの場合には、機械式のムーヴメントを搭載したモデルであれば、ごくシンプルなモデルの最低ラインはステンレス製のもので良心的な価格設定のブランドならば5万円〜（オリスなど）、一般的には10万円以上と考えていいでしょう。この点に関しては各ブランドのポリシーによります。

また、ムーヴメント自体の価格や希少性が反映される場合もあります。同じETA製などの汎用ムーヴメントを搭載したモデルは、ブランドが変わっても同様の価格帯を形成することが多いのですが、自社製ムーヴメントの場合や希少なムーヴメントを使用する場合にはその上のレベルで、

エピローグ

一本の腕時計を選ぶために、というコンセプトのもとに始まったこの本の試みは、ここで終了します。みなさんのお役に立てれば、という思いで書きはじめたのですが、その気持ちは伝わったでしょうか？

実際、一本の腕時計にはさまざまな思いを込めることができますし、それを持ち、身につけることから始まる意味もあります。そうしたことを考えながら、愉しく腕時計選びができれば、それに越したことはないと思います。新世紀の腕時計マニアたるもの、一本の腕時計にこだわり尽くしてほしいのです。

言い忘れましたが、すでに「一本」を選んでしまった方もいらっしゃるのではないかと思いますが、そうした方もこの本から、自分とその時計との関係に役立つ何ものかを引っ張り出していただけたらいいのでは、と思います。

腕時計の魅力はさまざまに語られます。そして、その魅力はそれぞれの持ち手と腕時計の関係によって、さらに増幅し、増殖するはずです。

そしてこの本は、その「関係」とは何だろうか、その関係を作るための知識や言葉、考え方や態度といったものを、過去からの歴史、文化的背景からご一緒に考えるための手引きであることができれば、と考えています。一本の腕時計を語るために、世界じゅうの森羅万象と叡智を引っ張り出すための、最初の手引きがこの本です。

ヒトとモノの関係ではありますが、腕時計に関しては「愛し愛される」という関係が成立することを私は信じています。本来モノはモノでしかありませんが、ひとりひとりとその腕時計の関係においては、この関係のあり方は無限です。一本の腕時計を選ぶということは、その、無限の可能性を作る最初の一歩ではないかと思うのです。

この本をお読みになった皆さんが、愉しくその「相手」、一本の時計を選ぶことができることを祈っています。

＊　　＊

最後になりますが、この本の製作に関わったすべての方、数々の資料や写真の御提供をいただいた時計メーカー、輸入代理店をはじめとする業界関係者の方々、学習院生涯学習センターの谷さんはじめ皆さん、インスピレーションを与えてくれる受講生の皆さんにお礼を申し上げます。編集の労をお取りくださった光文社新書編集部の森岡純一さんには、特別の感謝を申し上げます。

二〇〇二年六月

並木浩一

本書に登場する時計の問い合わせ先

＊ブランド名はＡＢＣ順。その下が問い合せ先会社名。
＊取り扱い業者は予告なく変更、または取り扱いを中止することがあります。

ALAIN SILBERSTEIN（アラン・シルベスタイン）
モントレ ソルマーレ（株）
〒110-0005
東京都台東区上野 5-15-17
TEL: 03-3833-4211

ALFRED DUNHILL（アルフレッド ダンヒル）
アルフレッドダンヒル・ジャパン（株）
〒105-0001
東京都港区虎ノ門 3-18-19 虎ノ門マリンビル
TEL: 03-5403-2951

ANTOINE PREZIUSO（アントワーヌ・プレジウソ）
ユーロパッション（株）
〒542-0081
大阪府大阪市中央区南船場 3-1-8 南船場大治ビル8F
TEL: 06-6245-5571

AUDEMARS PIGUET（オーデマ・ピゲ）
日本デスコ（株）
〒104-8201
東京都中央区銀座 1-13-1 三晃ビル
TEL: 03-3562-1281

BAUME & MERCIER（ボーム&メルシエ）
リシュモン ジャパン（株）神谷町本部
〒105-0001
東京都港区虎ノ門 5-1-5 虎ノ門45MTビル8F
フリーダイヤル: 0120-07-1830

BELL&ROSS（ベル&ロス）
ビーウォッチ（株）
〒112-0002
東京都文京区小石川 5-4-7 THEビル
TEL: 03-5319-2421

BLANCPAIN（ブランパン）
スウォッチ グループ ジャパン（株）ブランパン事業部
〒104-0061
東京都中央区銀座 7-13-8 第2丸高ビル9F
TEL: 03-5565-8597

BOVET（ボヴェ）
ボヴェ ジャパン（株）
〒105-0001
東京都港区虎ノ門 5-2-5 神谷町MTコート4F
TEL: 03-5472-1822

BREITLING（ブライトリング）
ブライトリング・ジャパン（株）
〒105-0011
東京都港区芝公園 2-2-22 芝公園ビル5F
TEL: 03-3436-0011

BVLGARI（ブルガリ）
ブルガリジャパン（株）
〒102-0094
東京都千代田区紀尾井町 4-3
TEL: 03-3239-0100

CARTIER（カルティエ）
カルティエ インフォメーションデスク
〒106-0032
東京都港区六本木 1-10-6
TEL: 03-5770-8123

CHOPARD（ショパール）
一新時計（株）
〒104-0028
東京都中央区八重洲 2-11-7 一新ビル
TEL: 03-3272-2571

CHRONOSWISS（クロノスイス）
ワールド通商（株）
〒112-0002
東京都文京区小石川 5-4-7 THEビル
TEL: 03-5977-2520

CONCORD（コンコルド）
（株）ヨシダ興業
〒110-8644
東京都台東区上野 6-2-1
TEL: 03-3835-2413

CORUM(コルム)
（株）第一昭和
〒103-0001
東京都中央区日本橋小伝馬町 7-10
TEL: 03-3667-0761

DANIEL JEANRICHARD（ダニエル・ジャンリシャール）
トラデマ ジャパン（株）

〒106-0032
東京都港区六本木 3-5-27
TEL: 03-3505-2131

DANIEL ROTH（ダニエル・ロート）
ザ・アワーグラス ジャパン（株）

〒104-0061
東京都中央区銀座 8-8-1 出雲ビル
TEL: 03-5568-7090

EBEL（エベル）
LVMHウオッチ・ジュエリージャパン（株）エベル事業部

〒113-8487
東京都文京区本郷 1-24-1 本郷MFビル
TEL: 03-5804-2868

FRANCK MULLER（フランク・ミュラー）
フランク・ミュラー東京

〒104-0061
東京都中央区銀座 5-11-14
TEL: 03-3549-1949

GERALD GENTA（ジェラルド・ジェンタ）
ザ・アワーグラス ジャパン（株）

〒104-0061
東京都中央区銀座 8-8-1 出雲ビル
TEL: 03-5568-7090

GIRARD PERREGAUX（ジラール・ペルゴ）
トラデマ ジャパン（株）

〒106-0032
東京都港区六本木 3-5-27
TEL: 03-3505-2131

GOLD PFEIL（ゴールドファイル）
栄光時計（株）百貨店事業部

〒541-0059
大阪府大阪市中央区博労町 3-3-1
TEL: 06-6244-8805

HERMÈS（エルメス）
エルメスジャポン(株)

〒104-0061
東京都中央区銀座 4-2-15 塚本本山ビル5F
TEL: 03-5524-2051

IWC
コサ リーベルマン（株）

〒163-0407
東京都新宿区西新宿 2-1-1 新宿三井ビル7F
TEL: 03-3345-3604

JAEGER-LECOULTRE（ジャガー・ルクルト）
リシュモン ジャパン（株）

〒105-0001
東京都港区虎ノ門 5-1-5 虎ノ門45MTビル8F
TEL: 03-5405-2010

MAURICE LACROIX（モーリス・ラクロア）
日本デスコ（株）

〒104-8201
東京都中央区銀座 1-13-1 三晃ビル
TEL: 03-3562-1280

MONTBLANC（モンブラン）
モンブラン ジャパン（株）

〒105-0001
東京都港区虎ノ門 3-18-19 虎ノ門マリンビル
TEL: 03-5403-2777

MOVADO（モバード）
栄光時計（株）モバード事業部

〒110-0016
東京都台東区台東 4-19-17
TEL: 03-3839-3307

OMEGA（オメガ）
スウォッチ グループ ジャパン（株）オメガ事業部

〒104-0061
東京都中央区銀座 7-13-8 第2丸高ビル 9F
TEL: 03-5952-4400

PANERAI（パネライ）
オフィチーネ パネライ プレスルーム

〒104-0033
東京都中央区新川 1-6-11 ニューリバーレジデンス1201
TEL: 03-5541-6068

PATEK PHILIPPE（パテック・フィリップ）
一新時計（株）パテック・フィリップ 日本サービスセンター

〒104-0028
東京都中央区八重洲 2-11-7 一新ビル
TEL: 03-3272-2572

PHILIPPE DUFOUR（フィリップ・デュフォー）
（株）シェルマン　時計事業部
〒104-0061
東京都中央区銀座 3-13-11　銀座芦澤ビル5F
TEL: 03-5568-7888

PIAGET（ピアジェ）
リシュモン　ジャパン（株）神谷町本部
〒105-0001
東京都港区虎ノ門 5-1-5　虎ノ門45森ビル8F
TEL: 03-5405-2561

RADO（ラドー）
スウオッチ グループ ジャパン（株）ラドー事業部
〒104-0061
東京都中央区銀座 7-13-8 第2丸高ビル9F
TEL: 03-5565-8515

REVUE THOMMEN（レビュー・トーメン）
（株）フレンディア
〒101-0064
東京都千代田区猿楽町 2-7-1　TOHYUビル5F
TEL: 03-5259-0041

ROGER DUBUIS（ロジェ・デュブイ）
日本シイベルヘグナー（株）
〒108-8360
東京都港区三田 3-4-19　シイベルヘグナー三田ビルディング
TEL: 03-5441-4515

ROLEX（ロレックス）
日本ロレックス（株）
〒100-8345
東京都千代田区丸ノ内 2-3-2　郵船ビル1F
TEL: 03-3216-5671

SINN（ジン）
ピーエックス（株）
〒164-0001
東京都中野区中野 3-39-2
TEL: 03-5385-5801

SVEND ANDERSEN（スヴェン・アンデルセン）
（株）シェルマン　時計事業部
〒104-0061
東京都中央区銀座 3-13-11　銀座芦澤ビル5F
TEL: 03-5568-7888

SWATCH（スウォッチ）
スウォッチグループジャパン（株）スウォッチ事業部

〒104-0061
東京都中央区銀座 7-13-8 第2丸高ビル 9F
TEL: 03-3980-4007

TAG HEUER（タグ・ホイヤー）
LVMHウォッチ・ジュエリージャパン（株）タグ・ホイヤー・ディビジョン

〒113-8487
東京都文京区本郷 1-24-1 本郷MFビル
TEL: 03-3613-4262

TISSOT（ティソ）
スウォッチ グループ ジャパン（株）ティソミドーサーチナ事業

〒104-0061
東京都中央区銀座 7-13-8 第2丸高ビル9F
TEL: 03-5565-8541

VACHERON CONSTANTIN（バセロン・コンスタンチン）
日本シイベルヘグナー（株）

〒108-8360
東京都港区三田 3-4-19 シイベルヘグナー三田ビルディング
TEL: 03-5441-4515

VINCENT CALABRESE（ヴィンセント・カラブレーゼ）
モントレ ソルマーレ（株）

〒110-0005
東京都台東区上野 5-15-17
TEL: 03-3833-4211

ZENITH（ゼニス）
LVMHウオッチ・ジュエリージャパン（株）ゼニス事業部

〒113-8487
東京都文京区本郷 1-24-1 本郷MFビル
TEL: 03-5804-2891

並木浩一（なみきこういち）
1961年神奈川県横浜市生まれ。青山学院大学文学部フランス文学科卒業。編集者・記者として腕時計を対象に取り組み、共著書『腕時計雑学ノート』（ダイヤモンド社）をはじめ、九六年より毎年取材を行なうバーゼル・フェア、ジュネーヴ・サロンに関する記事など執筆多数。学習院生涯学習センター（東京・目白）では腕時計の歴史と文化・時計作家論を主とする講義を担当している。元・『エグゼクティブ』誌編集長。

腕《うで》時《ど》計《けい》一生《いっしょう》もの

2002年6月20日初版1刷発行
2005年10月30日　3刷発行

著　者 — 並木浩一
発行者 — 古谷俊勝
装　幀 — アラン・チャン
印刷所 — 萩原印刷
製本所 — 榎本製本
発行所 — 株式会社光文社
東京都文京区音羽1　振替00160-3-115347
電　話 — 編集部03(5395)8289　販売部03(5395)8114
業務部03(5395)8125
メール — sinsyo@kobunsha.com

 ISBN 4-334-03148-X

光文社新書

030 サッカーファンタジスタの科学　浅井武 監修

031 世界最高のレーシングカーをつくる　林義正

032 捕手論　織田淳太郎

033 職人技を見て歩く 人工心臓、トイレ、万年筆、五重塔…　林光

034 男、はじめて和服を着る　早坂伊織

035 紀州犬 生き残った名犬の血　甲斐崎圭

036 買収ファンド ハゲタカか、経営革命か　和田勉

037 〝全身漫画〟家　江川達也

038 サッカーを知的に愉しむ　林信吾・葛岡智恭

039 デパ地下仕掛人　加園幸男・釼持佳苗

040 「極み」のホテル 至福の時間に浸る　富田昭次

041 〝トウモロコシ〟から読む世界経済　江藤隆司

042 映画は予告篇が面白い　池ノ辺直子

043 ビール職人、美味いビールを語る　山田一巳・古瀬和谷

044 パティシエ世界一 東京自由が丘「モンサンクレール」の厨房から　辻口博啓・浅妻千映子

045 カラー版 温泉教授の日本全国温泉ガイド　松田忠徳

046 米中論 何も知らない日本　田中宇

047 マハーバーラタ インド千夜一夜物語　山際素男

048 腕時計一生もの　並木浩一